拉花新手入門必學

咖啡拉花美學

王琪嶽 孫麗君 雙福◎編著

『推薦序 1』

咖啡拉花：拉近心與心的距離

隨着人們生活水平的提升，咖啡開始進入大家的生活，閒暇時候到咖啡館裏喝一杯咖啡，已成為都市人習以為常的一種生活方式。而作為咖啡中的藝術表現形式——咖啡拉花，近幾年在咖啡行業更是風起雲湧，各種級別的咖啡拉花大賽也推動了整個行業水準的提升，國際咖啡拉花大賽的冠軍更是受到萬眾矚目。當然，這樣的大環境也催生了很多對咖啡拉花感興趣的，也想學拉花的人，除了面對面、手把手教學的正式教學方式外，還有一種方式就是通過書籍來自學，這個時候，這本《咖啡拉花美學》順勢而生，該書深入淺出地介紹了咖啡拉花的文化、製作要點等內容，列舉了 60 款拉花圖案的製作過程，更附設多段由內地團隊製作的普通話易學示範影片，可謂是咖啡拉花入門的首選。最後，也祝願大家在咖啡拉花的晉級之路上，越走越寬敞。

阿啡

咖啡精品生活傳播平台主理人

咖啡男神拉花擂台賽總策劃

『推薦序 2』

咖啡拉花的入門

咖啡拉花最早是作為一種高難度的咖啡表演技術而被世人所熟悉，然而發展至今，咖啡拉花技術早已進入尋常咖啡愛好者的家中，拉花的樣式也有了千奇百樣的變化，有簡有繁。對於零基礎的咖啡愛好者而言，咖啡拉花就相當於是那通往咖啡師進階之門的一個里程碑，然而要掌握咖啡拉花技能，若能得一位「良師益友」相伴，實屬難能可貴。

這本書面向咖啡拉花新手，在對咖啡拉花原理和技巧的講述，以及多種款式的咖啡拉花製作過程的講解上，都做到了循序漸進、細緻歸納。相比於市面上的許多咖啡拉花基礎知識書籍，本書在拉花過程的指導方面做到了更耐心、細緻，步步詳解，你可以從本書系統地瞭解到咖啡拉花的款式，也能學習到不少拉花技巧，對咖啡拉花剛入門的朋友來說，這的確是值得一讀的零基礎入門指導書。

林健良

咖啡沙龍聯合創始人

『自序』

一切，先從「咖啡畫」說起。

現在大街上，隨處可見咖啡店。然而在 20 世紀初，咖啡卻命運多舛，險些被淘汰。一方面人們對咖啡對人的健康是否有影響持懷疑態度，另一方面全球經濟大蕭條導致很多人選擇更為便宜的飲品來替代咖啡。

這時，泛美咖啡局（Pan-American Coffee Bureau，PACB）出現了，這是一個專注於在美國和加拿大提升咖啡消費量的商業機構，這個機構在雜誌投放了一系列的咖啡推廣廣告畫（如下），並在不同的階段進行調整，最終幫助咖啡行業起死回生。

「每個小姑娘都該知道……如何做出好咖啡。」

「大家聖誕快樂啊！並且睡個好覺！咖啡不會讓你睡不着的！」

「有人覺得甜甜圈泡咖啡不好，我告訴你，這可好玩啦！」

這種努力一直堅持到 20 世紀 60 年代，讓咖啡逐漸成為美國的一種生活文化，後來慢慢地滲透擴散到世界範圍。

隨着一大波咖啡行業投資熱潮，對於專業咖啡的呼聲愈發強烈，在一個又一個熱點被引爆之後，是否會迎來更加精彩的未來呢？

咖啡拉花，無疑是一個很好的切入點。我們從業者願以泛美咖啡局為榜樣，用自己的努力，幫助更多人。本書中精選常用咖啡拉花和咖啡美食技巧，無論你是在家製作，輕享咖啡時光，還是打算進入這個行業，抑或已經很成熟打算開更多家分店，都能從中獲益。

從現在開始，以咖啡為畫筆，以牛奶為畫布，製作屬你的拉花咖啡吧！

王琪嶽 zen W.qiyue

『目錄』

PART 3
基礎拉花——從實例開始學拉花

PART 4
進階拉花——幾秒鐘的巔峰絕技

PART 5
摩卡雕花——在杯中繪出美

PART 6
3D 拿鐵拉花

PART 7
咖啡拉花的其他可能

PART 8
小「食」光，人氣咖啡拉花餐點

附錄
來杯冰卡布奇諾

◖ 易學示範影片

PART I

咖啡拉花的前世今生

Latte Art，咖啡文化之上

在歐洲，“Latte”指牛奶，將牛奶泡倒入咖啡後產生藝術般的圖案就是“Latte Art”（咖啡拉花）。由此延伸出更廣泛的意義——只要在沖煮完的咖啡表面、內部製作藝術化的圖案線條，形成藝術般圖案的咖啡飲品，都可以稱之為“Latte Art”，不一定局限於“Coffee Latte”（拿鐵咖啡），所以“Latte Art”這個名詞所代表的意義就是咖啡拉花的藝術。

咖啡拉花在近 30 年才出現，關於它的起源，其實一直都沒有十分明確的文獻記載，不過有這樣一個說法，咖啡拉花是在 1988 年由美國人大衛 · 休莫在西雅圖自己的小咖啡館裏創造發展而來。

據說，一次偶然機會，大衛 · 休莫正在為客人打包早餐咖啡，加入牛奶時，不經意間在咖啡上形成一個極為漂亮的心形。後來發現圖案實際能給人帶來賞心悅目的感覺，這讓他大受啟發，此後他開始研究各種咖啡拉花手法，漸漸地開始有了心形、葉子形等其他拉花。而如此的創新技巧，所展現的高難度技術，大大震撼了當時的咖啡業界，從一開始就得到了大眾的注目。

1980 ～ 1990 年間，咖啡拉花藝術在美國西雅圖得以發展。尤其是大衛 · 紹梅爾將咖啡拉花藝術大眾化。1986 年紹梅爾肯定了在 Uptown espresso 咖啡館工作的傑克 · 凱利的微泡（「天鵝絨泡沫」或「牛奶紋理」）技術，此後心形圖案成為紹梅爾在 Espresso Vivace 咖啡店的招牌產品。1992 年紹梅爾開創了薔薇花圖案的拉花。隨後他在培訓課上普及了咖啡拉花藝術。與此同時，意大利的路易吉 · 魯皮從網上與紹梅爾取得了聯繫，並分享了彼此製作拿鐵咖啡和卡布奇諾的影片。

當時的咖啡拉花，大部分注重的是圖案的呈現，但經過了長久的發展和演變之後，拉花藝術在不同國家有着不同的發展，咖啡拉花不只在視覺上講究，牛奶的綿密口感與融合的方式與技巧也一直不斷地改進，進而在整體味道的呈現上達到所謂的色、香、味俱全的境界。現在，越來越多的咖啡師去追尋屬咖啡杯裏的藝術，它的表現形式也越來越多樣化。而咖啡拉花已經是現今各種咖啡比賽的必備專業技術之一。

咖啡拉花的原理

沒有遇見拉花藝術之前的意式濃縮咖啡（espresso），寂寞當道。在拉花技術的幫助下，牛奶和咖啡的奇妙碰撞，讓多少咖啡師為之傾倒。話說「外行看熱鬧，內行看門道」，這門技藝的奧妙原理是什麼呢？接下來讓我們一起瞭解一下。

咖啡拉花是將意式濃縮咖啡（由咖啡油脂和水混合成的液體）和發泡牛奶（在蒸氣奶泡機中使用蒸氣棒將牛奶打成的泡沫）混合後形成的，常在卡布奇諾或拿鐵上做出變化。在製作時，會根據拉花所需的意式濃縮咖啡和細奶泡及不同的製作步驟，形成多種有趣的圖案。

意式濃縮咖啡

意式濃縮咖啡的口感強烈，不過，它上方含有一層厚厚的咖啡油脂，它的存在被視為意式濃縮咖啡質量的標誌。咖啡油脂在萃取中，裏面含有許多氣體，大概佔總體積的一半。 如下圖，在光學顯微鏡下觀察咖啡油脂的結構，可以看出裏面含有氣泡、脂肪顆粒（一般小於 10 個微米）以及一些固體的顆粒（咖啡豆細胞壁的碎片之類）。

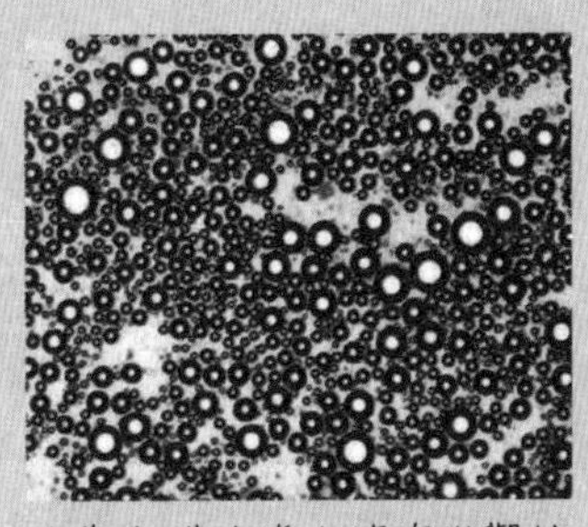

此為咖啡油脂泡沫的微觀結構圖，引用自埃內斯托・意利及盧西亞諾・納瓦裏尼。

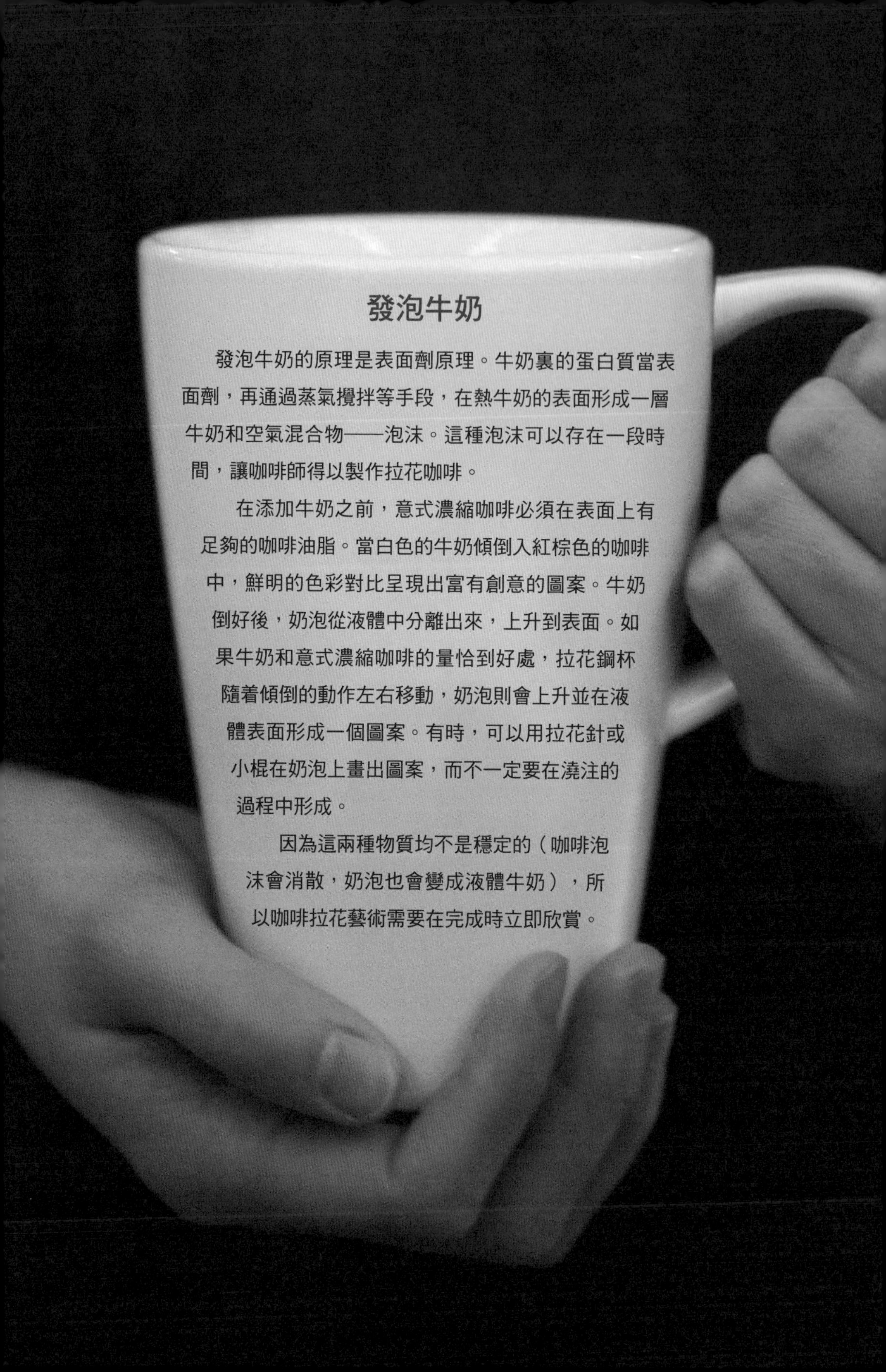

發泡牛奶

發泡牛奶的原理是表面劑原理。牛奶裏的蛋白質當表面劑，再通過蒸氣攪拌等手段，在熱牛奶的表面形成一層牛奶和空氣混合物——泡沫。這種泡沫可以存在一段時間，讓咖啡師得以製作拉花咖啡。

在添加牛奶之前，意式濃縮咖啡必須在表面上有足夠的咖啡油脂。當白色的牛奶傾倒入紅棕色的咖啡中，鮮明的色彩對比呈現出富有創意的圖案。牛奶倒好後，奶泡從液體中分離出來，上升到表面。如果牛奶和意式濃縮咖啡的量恰到好處，拉花鋼杯隨着傾倒的動作左右移動，奶泡則會上升並在液體表面形成一個圖案。有時，可以用拉花針或小棍在奶泡上畫出圖案，而不一定要在澆注的過程中形成。

因為這兩種物質均不是穩定的（咖啡泡沫會消散，奶泡也會變成液體牛奶），所以咖啡拉花藝術需要在完成時立即欣賞。

咖啡拉花的種類

目前有兩大類拉花藝術：一類是將牛奶注入意式濃縮咖啡時拉出圖案；另一類是用奶泡塑成一個立體的圖形。

前者在咖啡館中被更為廣泛地應用，最常見的拉花圖案是心形、薔薇花形和蕨類葉形。其中心形比較容易製成，常用於製作瑪奇朵；而薔薇花形則較為複雜，常用於製作拿鐵咖啡。此外更複雜的圖案也是有的，有些圖案甚至需要傾倒好幾次牛奶。

後者，一些拉花藝術家們會選用帶有顏色的糖漿在咖啡上作畫，從簡單的幾何圖形到複雜的繪畫，如帶有陰影的立體感圖形——動物、花等，為這與眾不同的藝術形式增加亮點。不過，這種拉花咖啡的「壽命」相比傾倒技術的要短，因為奶泡分解得更快。

以上兩種，在本書中都有代表性的呈現，並按照不同類型、不同難度進行了新的分類，方便讀者參考使用。

世界著名的 WLAC 比賽

WLAC（全稱 World Latte Art Championship）即世界拉花藝術大賽，素有咖啡界的奧林匹克大賽之稱，為世界咖啡協會 WCE（World Coffee Events）屬下的七大賽事之一。

WLAC 是一個國際性的拉花比賽，每年舉辦一次，在各個國家進行分區賽角逐出一名冠軍，再進行最後的總決賽角逐出世界冠軍。世界拉花藝術大賽是一項突出藝術表現力，挑戰咖啡師現場表演能力的賽事。各個國家的代表，都會在比賽中的拉花項目上展現自己的拉花技巧。這兩年，有中國選手在這項比賽中取得了優異的成績，如 3coffee 的王學超 2015 年獲世界亞軍、麥隆咖啡的李琦 2016 年獲世界亞軍。

競賽內容要求有以下幾點，它們也是製作拉花咖啡時的重點。

1. 圖案的還原

準確地說，這個項目應該叫作「杯中圖案與照片的一致性」，即向評委呈上一杯與選手事先提交的照片相似度高的拉花咖啡。

2. 奶泡質量

一個拉花圖案的成功與否，奶泡的質量往往起到了非常關鍵的作用，整個作品的表面光澤度，奶泡結構的一致性，奶泡的流動性等，都是咖啡師在製作拉花咖啡時要考慮到的因素，奶泡的質量會影響到飲品的口感，咖啡終究是用來喝的。

3. 圖案對比度

簡單來說，就是去觀察咖啡師送上來的飲品，牛奶白色的部分跟咖啡油脂的顏色對比（白的是不是白，「黑」的是不是「黑」），會不會有化開、圖案不清晰等現象。其實道理很簡單，只有優質的奶泡與高超的拉花技法是無法製作出優秀的拉花咖啡的，因為咖啡基底也是飲品的關鍵。

4. 圖案在杯中的佈局（和諧度）

在構思圖案佈局的時候就需要考慮到構圖、留白的和諧性和美感，幾個組合的圖形之間不能太過緊湊或太過分開。

5. 圖案的創新

這個項目中的「創新」，除了圖形的創新之外，更多的是拉花技法的創新，我們常見的技法會有「推」「拉」「轉杯」「搖擺」等手法，看看咖啡師是否能展現出一個非常新穎的技法來完成新穎的圖案。

6. 難度系數

在這個項目裏要考慮的是，完成這個圖案的難度有多高，這個咖啡師是否能很好地完成這個圖案。拉花技法並不是一朝一夕便可以練成的，需要反覆的練習與長時間的累積，5 層鬱金香與反推的 3×2 鬱金香圖案相比，無疑後者的難度更高。

7. 整體的視覺效果

這個項目我們可以以 2013 年 WLAC 的冠軍——Hsiako Yoshikawa（日本）的作品來舉例，她製作的玫瑰圖案就曾經一度成為佳話，也是眾多咖啡拉花愛好者爭相模仿的圖案。這個圖案是在一個組合圖形的構圖上，將創作者想要表達的意思明確表達出來的一個很好的例子。

8. 整體表現

作為咖啡師，是否能讓作為顧客的我們感受到優質的服務呢？是否做到友善的眼神交流呢？是否做到對顧客服務的細節上的關注呢？這些都是這一環節的重點。

那些你想知道的咖啡拉花事宜

問題 1：如何喝拉花咖啡？

咖啡說到底是飲品，一切都是以口味為主，拉花只是錦上添花。如果喜歡每口的層次感。可以不用攪拌，直接飲用。

問題 2：咖啡拉花會降低咖啡的口感和品質？

意式濃縮咖啡與發泡牛奶的融合，使咖啡本身產生了別樣的美麗與獨特的口感，如果只是追求咖啡本身的風味，咖啡拉花並不是個好選擇。不過，世界咖啡組織每年舉辦的世界拉花藝術大賽，使無數的咖啡師展示自己的精湛技藝，有許多的專業咖啡書籍。都在介紹咖啡拉花的基本技術，並以拉花咖啡作為封面的專業象徵。因而，咖啡拉花在咖啡中還是很出眾的一環。

問題 3：中國古代的分茶與咖啡拉花是一個性質嗎？

二者截然不同。分茶是中國民族的文化瑰寶，是珍貴的非物質文化遺產，有一千多年的歷史。分茶的特點是僅用茶和水，不用其他原料，使茶湯中顯現出文字和圖像，通過技巧使湯紋水脈分出不同層次，形成色差對比，從而「繪」成各色圖案，如各種山水花鳥圖案等。而咖啡拉花要用兩種不同的原料（咖啡和牛奶），在意式濃縮咖啡的表面注入奶泡而形成圖案，不適咖啡液本身形成圖案。

PART 2

咖啡拉花的基礎入門

 咖啡拉花常用的工具

咖啡機： 優質的拉花需要優質的咖啡基底，需要借助咖啡機進行製作。咖啡店專用的咖啡機以半自動居多，它是製作意式濃縮咖啡的法寶。家用咖啡機有半自動、全自動、美式和膠囊幾種常見類型。

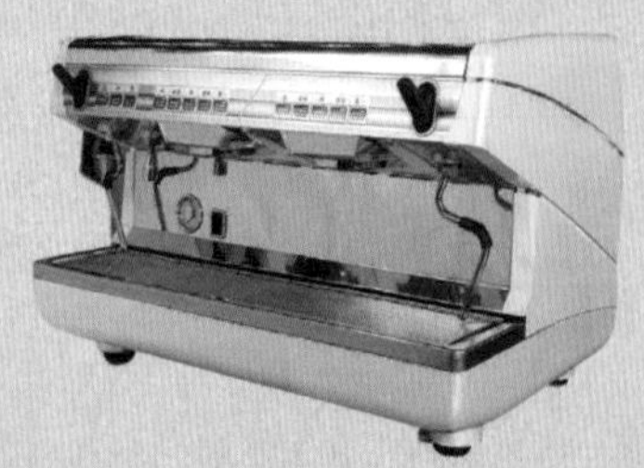

專用咖啡機

拉花鋼杯： 拉花鋼杯的材質多為不銹鋼，一般來說，按拉花鋼杯的嘴型可分為圓嘴型、尖嘴型、長嘴型和短嘴型。圓嘴拉花鋼杯適合製作圓潤、豐盈的拉花咖啡；尖嘴拉花鋼杯適合製作有線條和層次的拉花咖啡；長嘴拉花鋼杯適合製作推紋、壓紋的拉花咖啡。拉花鋼杯的容量市面上大致分為 300 毫升、450 毫升、600 毫升、720 毫升及 1 升。

家用咖啡機

拉花鋼杯

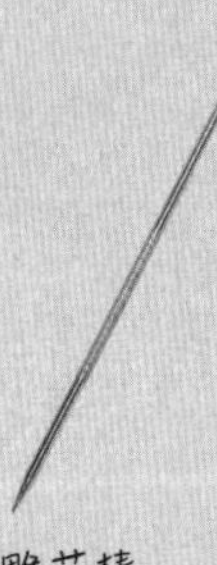

雕花棒

奶泡壺

雕花棒： 雕花棒尖端可以用來勾畫圖案。

奶泡壺： 打發奶泡的一種工具。

咖啡杯： 大體分為馬克杯、wlac 擴口杯、澤田杯、鬱金香杯、愛淘樂及瑪奇朵杯等。容量太小或者太大都不容易製作拉花咖啡，最適合製作拉花的杯子容量在 150 ～ 350 毫升之間。

咖啡杯

模具： 主要用來製作拉花圖案，模具可以自己製作，非常簡單。

模具

磨豆機： 好的磨豆機是保證咖啡風味均衡的法寶，它能按照要求磨出不同類型的咖啡粉，如粗粉、中粗粉、中細粉、細粉、極細粉。常見的磨豆機有電動和手搖兩大類。

磨豆機

粉錘： 萃取一杯好咖啡，離不開精細的粉錘壓粉環節，咖啡師選擇一把適合自己的粉錘十分重要。粉錘有兩個常見的尺寸範圍，小的尺寸為 49~53 毫米，大的尺寸為 57.5~58.5 毫米。

手柄： 有單頭、雙頭兩種，以有底手柄最為常見，更有無底、全透明等新品。手柄主要用於布粉、壓粉、萃取咖啡。

粉錘　手柄　粉渣槽　吧勺

咖啡量杯

粉渣槽： 也叫敲粉器、咖啡渣桶，用於敲掉用過的粉餅、盛放萃取之後的咖啡渣，以不銹鋼材質居多。

吧勺： 不銹鋼製品，攪拌原材料或者注入液體時使用。通常一端為匙形，可攪拌混合咖啡，或搗碎配料；另一端為叉形，可用於從容器中取出櫻桃等裝飾物。注意注入液體時吧勺放置的位置要準確，否則原料易混濁。

探針溫度計

咖啡量杯： 帶有刻度，可以精準地看到萃取出的咖啡量，尖嘴設計方便注入。

探針溫度計： 探針溫度計是新手拉花測溫的好幫手，現場顯示溫度，直觀方便，以金屬材質居多。除了用於測溫，還可以用於攪拌。

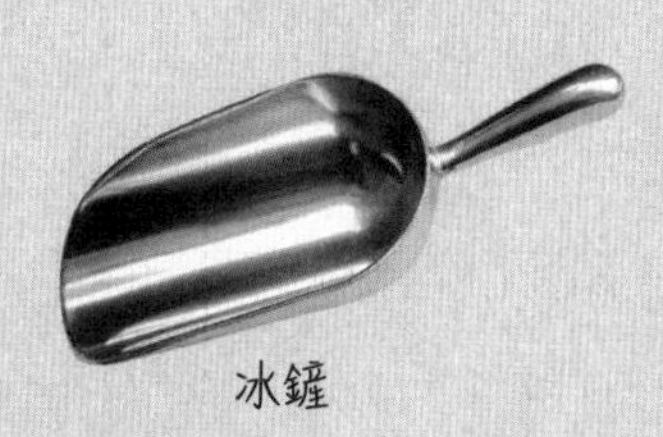
冰鏟

冰鏟： 一般尺寸不大，用於鏟取冰塊。

咖啡拉花常用的材料

咖啡豆： 建議你購買咖啡豆，而不是咖啡粉，因為已磨好的咖啡粉保存期不長，而且超市裏銷售的袋裝咖啡粉通常是經過特殊處理的，少了些咖啡原有的酸味，風味容易散失。所以享受咖啡最好的方法是在飲用前將適量的咖啡豆磨成粉，這樣才可以保留咖啡原有的風味。常用的咖啡豆一般都能夠在大型超市、西餐材料專賣店和咖啡館買到。

如果沒有時間磨豆，也可以在大型超市或咖啡館購買咖啡粉，然後按照每次使用的量一包包密封好，放入冰箱冷藏室內保存。這樣可以最大限度地保留咖啡粉的風味，但是一定要注意防止串味。

牛奶： 打奶泡用的鮮奶要選擇全脂的，因為脂肪和蛋白質含量越高的鮮奶，打發的奶泡會越穩定，也會更持久更綿密。

焦糖漿： 白砂糖 125 克，水 70 克，可以購買現成的，也可以自己製作，方法如下——用溫水加熱融化白糖，待糖漿起泡，直到氣泡消失，當糖漿變成金黃色就可以關火，冷卻後使用。

淡奶油： 也叫稀奶油，有植物淡奶油和動物淡奶油兩種，脂肪含量一般在 35%，可以打發成固體狀用於蛋糕上面的裝飾。

朱古力醬： 主要原料有可可粉、牛奶等，既可以作為一種甜品食用，也可以作為麵包等的調味醬來使用。

抹茶粉： 採用石磨碾磨成微粉狀的蒸青（清）綠茶。

食用色素： 是食品添加劑的一種，又稱着色劑，是用於改善物品外觀的可食用色素。

冰塊： 一般是將液體水冰凍後製成的固體，是製作冰咖啡的必需品。

咖啡拉花的基本構造

本書中涉及三類咖啡，每類的基本構造如下：

萃取含足量咖啡油脂的意式濃縮咖啡

有良好咖啡油脂的意式濃縮咖啡，是製作漂亮的拉花咖啡的必備條件。咖啡油脂是指在意式濃縮咖啡的表層沖泡出慕斯狀的細泡沫。下面介紹萃取意式濃縮咖啡的方法。

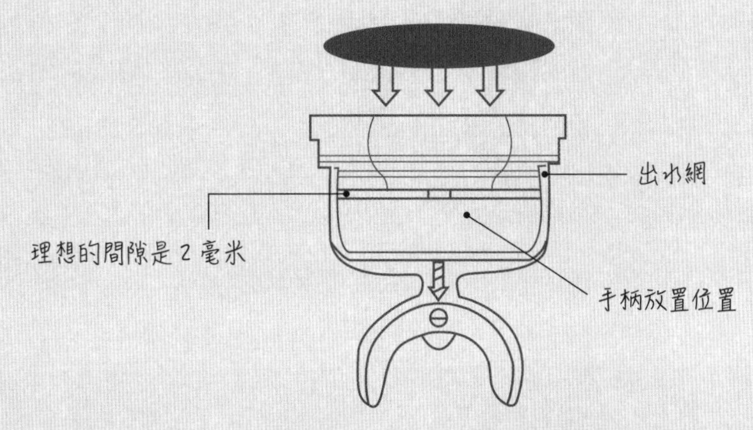

配方

咖啡豆量： 單孔 8 克，雙孔 16 克

咖啡機狀態

常態： 水位 / 中心線

壓力（不操作時）/ 0~3BAR

壓力（操作時）/ 9BAR

蒸氣壓力 / 1.2BAR

製作重點

❶ 將烘焙好的咖啡豆裝入磨豆機中，磨成咖啡粉，輕搖撥粉杆，將打磨好的咖啡粉均勻填入手柄內進行布粉。

❷ 用粉錘平均施力填壓粉末，使咖啡粉均勻硬實。如有不均勻時，需要重新敲擊，再次壓粉。

❸ 將手柄擰於咖啡機上，要固定好手柄，避免萃取時漏水。

❹ 取咖啡杯放於一側，按萃取鍵，以 2B 鉛筆粗細的流速流到咖啡杯中，萃取時間為 22～28 秒。咖啡中杯 30 毫升、大杯 2×30 毫升，萃取後，需立即移開杯子，以免接收萃取過量的咖啡。

❺ 將手柄中萃取後的咖啡粉磕至粉渣槽中。用咖啡機中的水（約 95℃）清洗手柄，並擦乾淨。

完美意式濃縮咖啡的標準

❶ 油脂、虎紋、豹紋、厚度。

❷ 果酸、順滑、餘韻、持久。

注意：

1. 壓粉的力度需根據咖啡粉研磨的粗細而決定，參考依據為萃取時咖啡的流速。如果流速過快，則壓粉力度過輕；如果流速過慢，則壓粉力度過重。
2. 製作拉花的意式濃縮咖啡的流速一定不能快，正常流速和偏慢流速比較適合。
3. 同等條件下萃取的液體越少濃度越高，萃取率越低，咖啡油脂的流動性會越好，對比度也會越高；相反，如果液體過多咖啡油脂會很硬、很稀以及顏色很淡，從而會使製作的拉花咖啡失去對比度。所以在能保證咖啡味道的前提下，儘量萃取濃度高一點的意式濃縮咖啡。

製作細膩綿密的奶泡

一個拉花圖案的成功與否，奶泡的質量往往起到了非常重要的作用，細膩而綿密的奶泡是優質拉花的關鍵。下面介紹最常用的方法。

材料準備

4℃冷藏牛奶 300 毫升。

咖啡機狀態

常態： 水位 / 中心線

壓力（不操作時）/ 0~3BAR

壓力（操作時）/ 9BAR

蒸氣壓力 / 1.2BAR

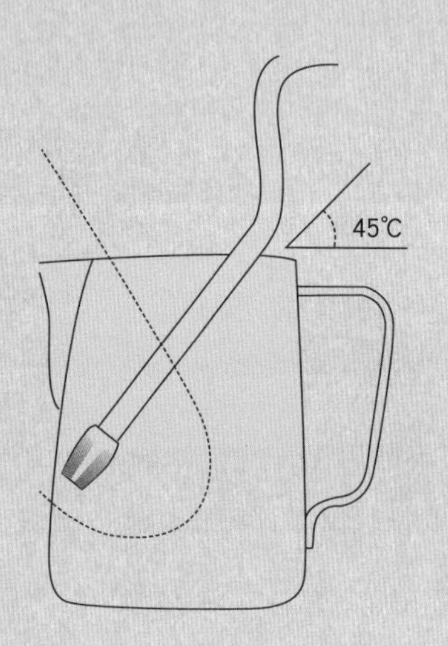

製作重點

❶ 往 600 毫升拉花鋼杯裏倒入牛奶，至凹槽處。

❷ 啟動蒸氣閥，放出蒸氣棒內的水分，空噴清潔蒸氣棒。

❸ 左手持鋼杯，右手提起蒸氣棒到合適的角度，將蒸氣棒傾斜地插入牛奶中，與杯壁的夾角成 45° ，形成起泡角度（蒸氣棒出氣口位於牛奶液面底下 1 厘米）。

❹「打發」階段：打開蒸氣調節鈕，右手輕輕地扶在鋼杯側面，伴隨着「滋滋」的打奶泡聲音，讓牛奶在鋼杯中旋轉，形成旋渦，將鋼杯一點一點向下挪移，將空氣打入牛奶中。

❺「打綿」階段：當奶泡的量增加到 1.5 倍左右，將裝牛奶的鋼杯往上提高 1 厘米，讓噴嘴浸入牛奶中，保持液面旋轉。等到扶住鋼杯的手感到溫度燙手，握 2 ～ 3 秒，再關掉蒸氣調節鈕，這時牛奶的溫度大約 60℃，再進行一次空噴動作。

❻ 在桌上敲擊鋼杯以震碎大奶泡。

❼ 用吧勺撇去表面較粗奶泡，只保留綿密的奶泡。

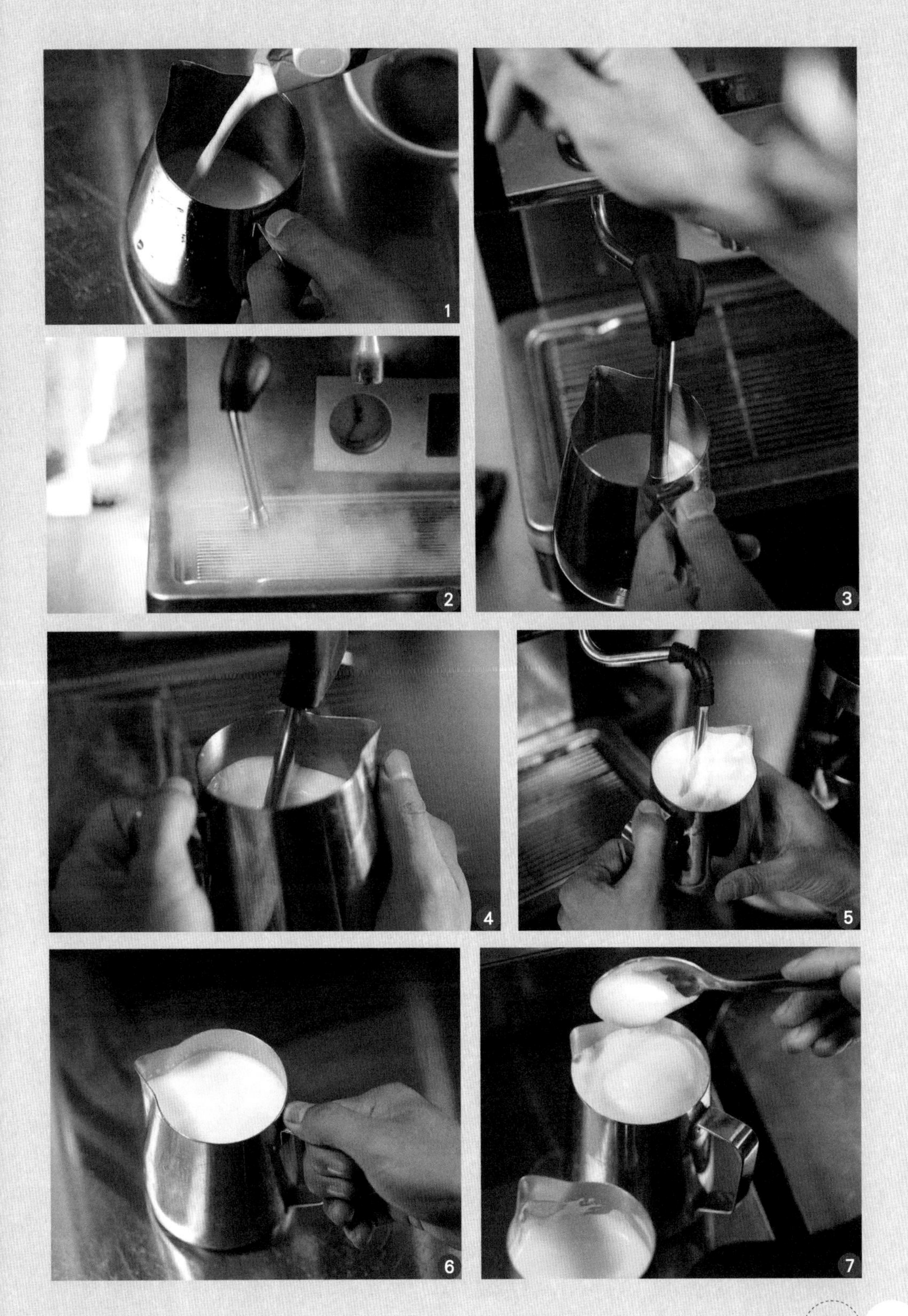
1
2
3
4
5
6
7

完美奶泡的標準

質地細膩綿密、有光澤，液面看起來是反光的，有適度重量感，像天鵝絨般柔順，完美的奶泡是非常細小的「微奶泡」。

注意：

1. 打奶泡時操作者可以上下移動鋼杯，使奶泡更豐富、更綿密。
2. 牛奶的溫度夠了以後，奶泡無法再增加。
3. 新手可以使用溫度計、感應貼紙輔助測量奶泡溫度。
4. 製作完成的奶泡以畫圓圈的方式旋轉晃動混合均勻，要迅速使用，以免奶泡分層和消泡。
5. 一般來說，摸着鋼杯很燙的時候，溫度在 50℃左右；感覺燙得快受不了的時候，溫度在 55℃左右。

特別指導

新手可以用洗潔精、冰塊、水練習打奶泡。配方如下：1000 毫升拉花鋼杯，400 毫升水，100 克冰塊，洗潔精適量。

不同奶泡及適用範圍

厚奶泡： 線條會很粗，很難做出精緻美觀的圖案。

薄奶泡： 呈現的圖案會更精緻，對比度與乾淨度更高。

奶泡注入的方式和流量控制手法

正確的注入是能拉出好的拉花圖案的關鍵，拿對拉花鋼杯和咖啡杯是基礎。

拉花鋼杯有兩種主流拿法，一種是捏把手，另一種是拿把手。無論哪一種拿法，拉花鋼杯都要拿正。

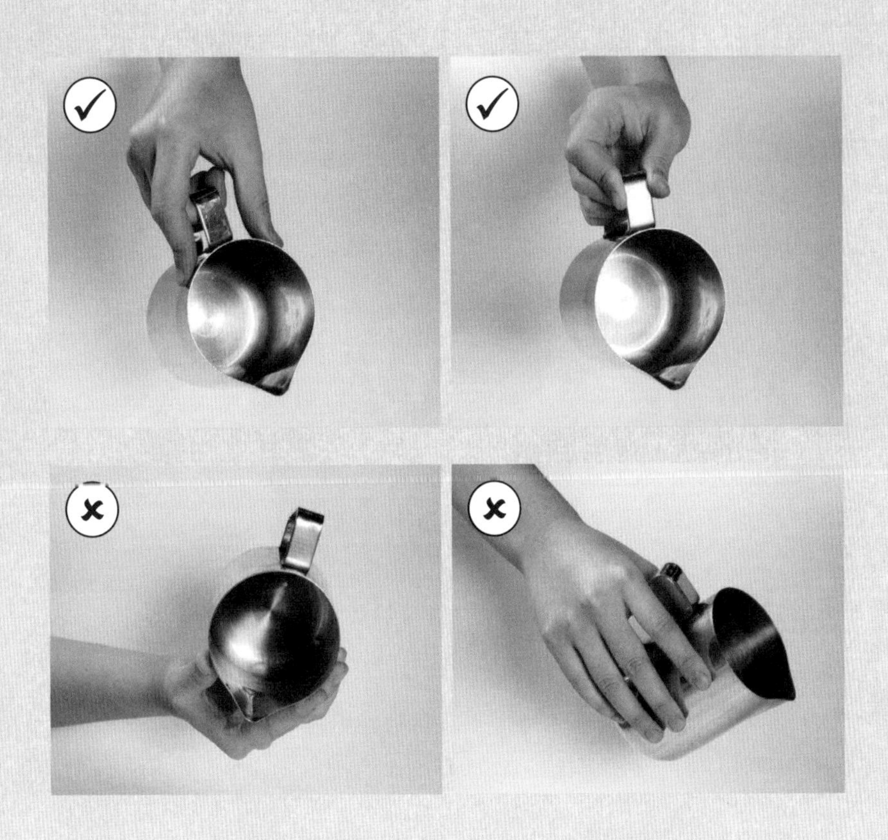

咖啡杯的拿法，一種是捏杯耳，另一種是握杯壁，還可以將杯子握在手心。無論哪種方法，都要將杯子拿正。

奶泡注入方式

❶ 左手拿着裝有意式濃縮咖啡的杯子，稍傾斜，右手拿着拉花鋼杯。

❷ 融合：將拉花鋼杯提高，讓牛奶的流速呈細長而緩慢的方式注入，迅速刺破咖啡油脂，使二者充分融合。

❸ 改變：當注入奶泡到達杯子 1/2 或 3/4 的高度時，應將拉花鋼杯的高度降低，同時改變牛奶的注入方式。

❹ 拉花：出現「白點」後，加大牛奶注入量，手臂和手腕要配合好，此時可以拉出不同的花型。

❺ 收尾：用奶泡裝滿杯子，提高拉花鋼杯，小流量直線收尾。

完美注入方式的節奏

拉花最重要的就是節奏，我們可以簡單理解成兩隻手的距離變化：

靠近——遠離——靠近——遠離。

注意：

1. 融合的時候哪裏有白色泡沫就往哪裏倒，不讓奶泡上翻，這樣才能使奶泡和咖啡充分融合。
2. 在保證咖啡味道的前提下，萃取濃度高一點的意式濃縮咖啡，這樣才能更好地凸顯後面推出或拉出的花。
3. 切記要保持流速，不要還沒拉花杯子就滿了。
4. 收尾時流速要稍微小一點，並提高拉花鋼杯，這樣，一方面倒出的奶泡量少，另一方面倒出來的奶泡會沉下去。
5. 收尾的時候一定要穩、要準，即把拉花鋼杯拉高，而拉高的同時手要穩，不要讓奶流抖動和移動，要果斷，否則會出現泡泡。
6. 為了保證奶泡和咖啡充分融合的同時不去破壞油脂的乾淨程度和顏色，要根據奶泡的質量靈活控制奶流。比如：奶泡偏厚我們就要提高距離，注入較細的奶流，相反奶泡較薄我們可以選擇微粗奶流較近距離地去融合。
7. 收尾時奶泡注入量的控制，關係到作品的完整性和美觀程度，所以，收尾的時間點是完成咖啡拉花圖案後，且杯口接近滿而不溢時，提高拉花鋼杯確保垂直向下的小流量以直線收尾。

特別指導

新手要先從「拉水」開始，練習穩定性。注意以下技巧。

❶ 杯子和拉花鋼杯要保持垂直，使水流的位置正確。

❷ 水流控制有要求，不能出現水聲，如果出現水聲，證明拉花鋼杯和杯子的距離過遠，在拉花時會出現泡泡，影響美觀。

❸ 水流的練習要有連貫性，一般一次需要練習十幾分鐘。

❹ 真正的控制，需要經過下面兩個階段。

(1)用一種大小不變的流速將杯子裝滿水，不能有泡泡。

(2)流速大小能變大變小且可持續 5 秒鐘以上的時間，不能忽大忽小。

融合

細膩奶泡刺破咖啡油脂的瞬間，融合便慢慢地開始。咖啡的口味表現在顏色上面，如果顏色越接近於咖啡色，口感就越接近於意式濃縮咖啡，顏色越接近於白色，口感就越接近於牛奶，所以通俗地講，融合的要求就是為了讓咖啡外面一圈的顏色一致，以及提升口感。

咖啡師在處理融合時通常有三種手法。

（1）畫圈融合法：轉着圈去融合，讓奶泡在咖啡液中以順時針或逆時針進行繞圈。左手和右手同時在動，只不過有半圈的延遲，當拉花鋼杯旋轉到最高的位置，杯子在最低；當拉花鋼杯在最低的位置，杯子在最高。這樣就產生了高度差，從而產生了攪拌的力量，達到融合的目的。這種融合方法較大程度使奶泡在油脂表面移動，從而達到融合目的。

（2）定點融合法：在一個點進行融合，這種方法幾乎不去破壞咖啡油脂表面的乾淨程度，就能達到融合目的。

（3）一字融合法：在一條線上左右擺動地去融合，這種方法較大程度減少破壞咖啡油脂的面積，達到融合目的。

三種融合方法各有優缺點，從融合的狀態和均勻程度來講，效果最好的是畫圈融合法（即大面積地去融合）。道理很簡單，融合的面積越大越容易使奶泡和咖啡充分融合，定點融合法和一字融合法則對咖啡油脂和奶泡的質量的要求較高。所以建議畫圈大面積去融合。

咖啡師在處理融合時也會考慮到融合量。

融合量是指融合多少奶泡進入杯中（以下假設咖啡油脂、奶泡、融合手法是一致的）。

融合液體的多少 = 倒進去的奶泡有多少 = 液面的流動性強度

融合液體少（即倒進去的奶泡少），液面所含氣泡比較少，阻力就小，所以流動性高。

融合液體多（即倒進去的奶泡多），液面所含氣泡比較多，阻力就大，所以流動性低。

因此，融合液體的分量不一樣，液面的流動性也不一樣。

注意：

1. 過粗的奶流會有較大的衝擊力，會有一定概率出現砸入杯底產生亂流的現象，所以一般會選擇較細的奶流去進行融合，不過旋轉的過程中發現奶流容易斷掉，就要適當地增大流速，不要誤以為奶流越小越好。
2. 在練習融合時，拉花鋼杯很容易歪掉，注意將拉花鋼杯拿正。
3. 剛開始練習時，要慢一點，旋轉過快拉花鋼杯裏的奶泡會蕩出來，不要急於展現你的手速。

眼疾手穩，拉花擺幅節奏練習

在咖啡拉花的創作過程中，除了完美的構圖和嫻熟的融合，還有一項核心的手法技能就是「擺幅」，具體如下：

❶ 手臂配合手腕「中」流量勻速左右晃動拉花鋼杯，左右擺幅約為 1 厘米。

❷ 手臂配合手腕「大」流量勻速左右晃動拉花鋼杯，左右擺幅約為 2 厘米。

注意：

1. 一定要降低拉花鋼杯的高度，讓拉花鋼杯的尖嘴近距離接觸液面，距離越近越容易出圖，如果距離過高，會有較大的衝擊力不容易出圖。
2. 讓手腕穩定地做水平的左右來回晃動。純粹只需要手腕的力量，不要整只手臂都跟着一起動。當晃動正確時，杯子中會開始呈現出白色的「之」字形奶泡痕跡。
3. 根據不同的圖案使用不同的奶流。奶流大，奶泡從拉花鋼杯出來後是向前呈弧度留下來的；奶流小，奶泡從拉花鋼杯出來後呈垂直狀留下來。
4. 擺動時要講究左右對稱。

 其他輔助技巧

正如前文所說的，咖啡拉花的另一大類是將牛奶注入咖啡時在咖啡表面形成的奶泡上雕刻出圖案。本書將對常見的方式進行簡單說明。

① 篩網圖案法： 利用刻有各種圖形或字樣的網版及篩網，放置於距離咖啡表面約 1 厘米處，隔着各式網版及篩網撒上可可粉、抹茶粉等，使咖啡表面呈現出各種圖形或字樣，是所有咖啡拉花技巧中最簡單的一種。

② 手繪圖案法： 多是使用各種顏色的醬料在完成融合的咖啡表面上，先畫出基本的線條，再利用牙籤或針狀物勾畫出各種規則的幾何圖形或具象圖案。

③ 3D 立體拉花： 需要兩杯奶泡，其中一杯奶泡打發時間長一些，形成比較厚的奶泡，然後靜置，等到奶沫變得硬一些時，用勺子等工具塑形，再進行裝飾即可。

④ 彩色拉花： 把咖啡表層的奶泡當「畫布」，利用食用色素，採用咖啡拉花的常見手法，在上面創作出色彩斑斕的拉花。

新手常見問題及指導

問題 1：什麼樣的拉花算上品？

顏色乾淨，咖啡色和白色部分都顯色均勻。

對比度鮮明，製造一種強烈的印象。

對稱度的把握，即確保正對着飲者的是對稱平穩的圖案。

創新和複雜度，這一點在比賽中尤其重要，尋求自己可為而別人所達不到的技藝境界。

問題 2：如何煉成一杯高顏值的拉花？

咖啡要講究酸甜苦的平衡；打奶泡講究果斷，質地要綿密均勻，不要過厚；咖啡和牛奶的比例要均勻，調和出令人愉悅的口感；注意拉花鋼杯的正確握法，控制拉花的高低與杯面的流動性的關係，把整個拉花過程視作一個系統進行管理。

問題 3：學習拉花有什麼建議嗎？

在拉花圖案上可以遵循由樹葉、鬱金香到壓紋的學習步驟，學習拉花是一個由模仿到原創的過程，通常我們會借鑒別人做出的圖案進行二次優化。

先努力創造美感，再追求複雜度的提升。當然，這對製作者在構圖、配色、審美這些方面都有考驗，我們要創造一個良好的審美體系，生活本身和個人情緒也是重要的創作靈感來源。

當有了學習咖啡拉花的意願和動力後，每一個未知的領域不僅需要長期累積的理論知識來輔助、指導和糾正，在實踐的技能訓練中持之以恆的堅持和總結，還是提升技術的關鍵。

基礎拉花

從實例開始學拉花

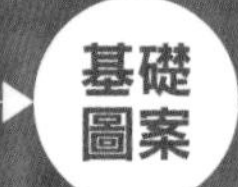

心

材料
- 意式濃縮咖啡 1 份
- 奶泡　適量

工具
- 咖啡杯
- 拉花鋼杯
- 吧勺

操作時間
- 10 秒

Tips
奶泡不能太厚，否則最終會做出一個圓形來。

Video
觀看拉花示範
（普通話影片）

製作

❶ 萃取意式濃縮咖啡。

❷ 將冷藏的牛奶用蒸氣棒打發成綿密的奶泡，在桌上敲擊震碎大奶泡，再用吧勺撇去表面較粗奶泡。

❸ 左手拿着咖啡杯，右手拿拉花鋼杯，將打好的奶泡按圖示方向注入咖啡中充分融合，即溶奶。

❹ 奶泡加至半滿時，在中心點注入，左右擺動手腕，開始按圖示方向拉花。

❺ 手腕向一側拉，將奶泡向圖形底部拉進行收杯，此時手要穩，使奶泡在咖啡杯中成心形即可。

1

2

3

4

5

基礎圖案 → 拓展

心心相連

材料
- 意式濃縮咖啡 1 份
- 奶泡　適量

工具
- 咖啡杯
- 拉花鋼杯
- 吧勺

操作時間
- 10 秒

Video
觀看拉花示範
（普通話影片）

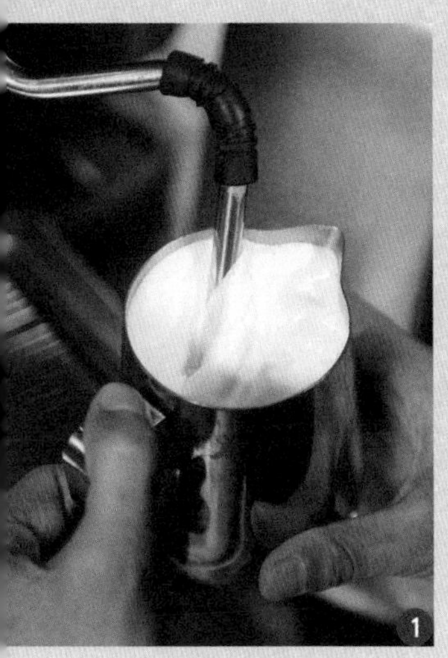

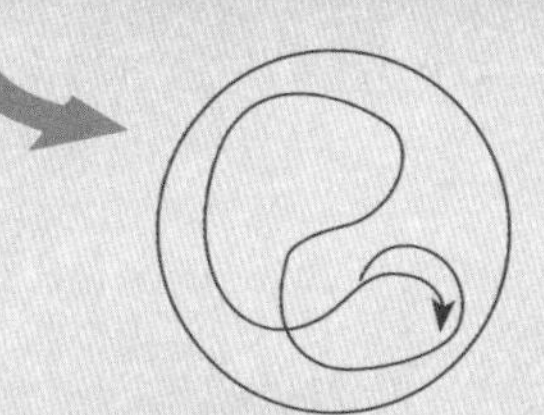

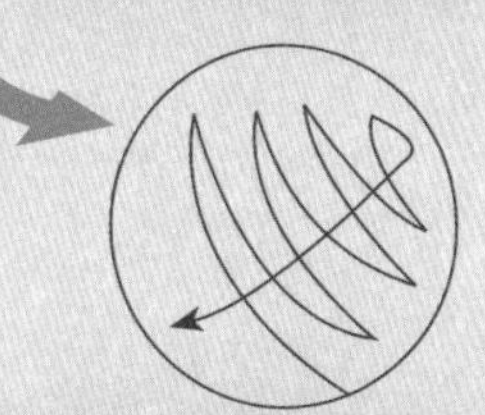

製作

❶ 將冷藏牛奶倒入拉花鋼杯中用蒸氣棒打發，在桌上敲擊震碎大奶泡，用吧勺撇去表面較粗奶泡，晃動均勻。

❷ 將奶泡徐徐注入裝有意式濃縮咖啡的杯中，按圖示方向進行融合。

❸ 奶泡加至半滿時，在杯壁一側注入，左右擺動手腕，方向如圖所示，開始拉花，使奶泡在咖啡中形成第一個心形。

❹ 當繪製成第一個心形後，接着往下拉奶泡，手腕繼續左右小幅度擺動，形成第二個心形。

❺ 將奶泡下拉，停頓幾秒，將第二個心形收尾即可。

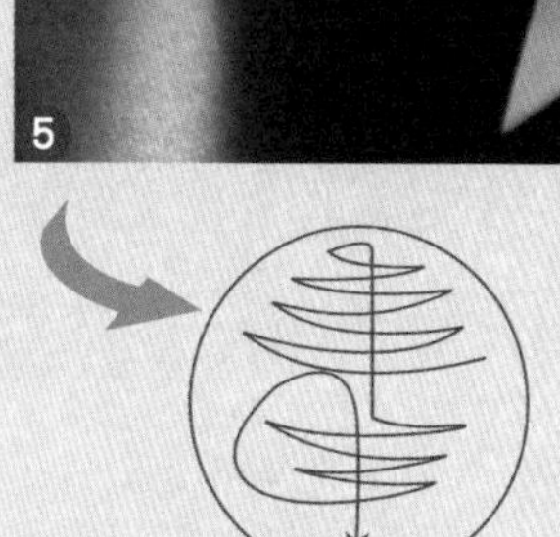

心意相通

材料

- 意式濃縮咖啡 1 份
- 奶泡　適量

工具

- 咖啡杯
- 拉花鋼杯

操作時間

- 10 秒

製作

❶ 將剛打好的奶泡以「8」字形轉圈注入裝有意式濃縮咖啡的咖啡杯中，使二者充分混合。

❷ 加至半滿時，在杯壁一側注入，左右擺動手腕，繪製出第一個心形。

❸ 從大心形的底端向下移動，在下方按照同樣的手法繪製出第二個心形。

❹ 在大心形的右側，手腕繼續左右小幅度擺動，繪製出兩個小心形。

❺ 在另一側以同樣的方法，繪製出兩個小心形即可。

Video

觀看拉花示範

（普通話影片）

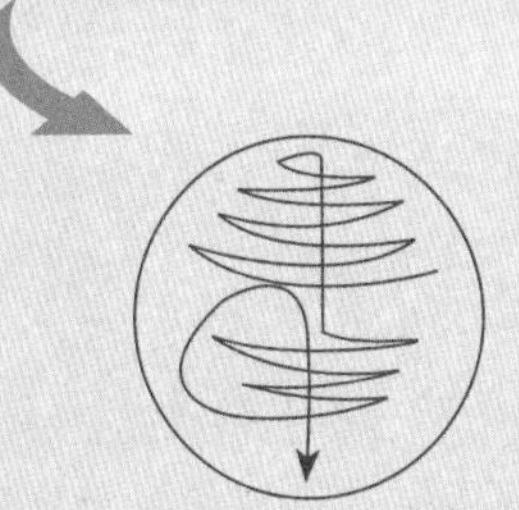

基礎圖案

鬱金香

材料
- 意式濃縮咖啡 1份
- 奶泡　適量

工具
- 咖啡杯
- 拉花鋼杯

操作時間
- 10秒

Video

觀看拉花示範
（普通話影片）

製作

❶ 左手持裝有意式濃縮咖啡的杯子，右手將拉花鋼杯中的奶泡轉圈注入其中。

❷ 奶泡加至半滿時，從杯壁一側注入，左右晃動手腕，按照圖示方向進行拉花，製作出鬱金香的葉子。

❸ 在葉子的上方，用奶泡像畫心形一樣的手法，畫出鬱金香的花朵。

❹ 手腕由前向後，將花朵和葉子連到一起，畫出花莖。

❺ 鬱金香拉花完成。

基礎
圖案

拓展

雙葉鬱金香

材料

- 意式濃縮咖啡 1 份
- 奶泡　適量

工具

- 咖啡杯
- 拉花鋼杯

操作時間

- 10 秒

Video
觀看拉花示範
（普通話影片）

製作

❶ 左手持裝有意式濃縮咖啡的杯子，右手持打發好奶泡的拉花鋼杯。

❷ 將打好的奶泡徐徐注入咖啡杯中，呈「8」字形注入，並擺動手腕，使二者充分融合。

❸ 奶泡加至半滿時，從中心點開始，左右擺動手腕進行拉花，拉出鬱金香的葉子。

❹ 在葉子的上方，將奶泡用拉心形一樣的手法，拉出鬱金香的另一對葉子。

❺ 再在葉子上方，用相同的手法，拉出鬱金香的花，收尾時，將手腕由前向後把花朵和葉子連到一起，畫出花莖即可。

基礎圖案 → 拓展

愛心鬱金香

材料
- 意式濃縮咖啡 1份
- 奶泡 適量

工具
- 咖啡杯
- 拉花鋼杯

操作時間
- 10 秒

Video
觀看拉花示範
（普通話影片）

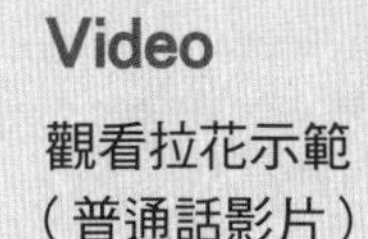

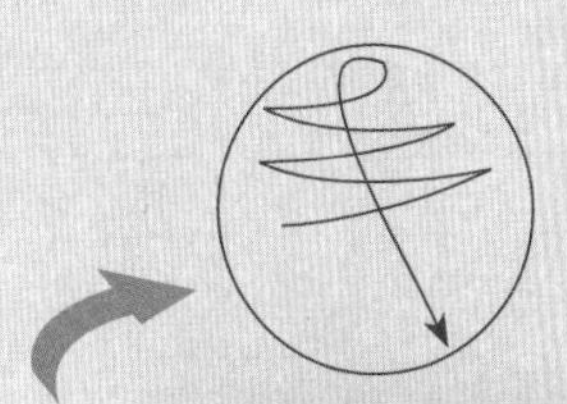

製作

❶ 將打好的奶泡呈小「8」字形注入裝有意式濃縮咖啡的杯子，使二者充分融合。

❷ 奶泡加至半滿時，從中心點開始拉花，手腕按圖示方向左右輕輕擺動，拉出鬱金香的葉子。

❸ 在葉子上方，輕輕左右擺動手腕，如圖所示，使奶泡在咖啡中形成鬱金香的葉子和花朵，再將奶泡向下拉，畫出花莖。

❹ 在花朵的右側，用奶泡拉出一個心形，可以將最後的線條向下延展，連到葉子上。

❺ 再在另一側拉出另一個心形即可 。

樹葉

材料
- 意式濃縮咖啡 1 份
- 奶泡　適量

工具
- 咖啡杯
- 拉花鋼杯

操作時間
- 10 秒

Video

觀看拉花示範
（普通話影片）

失敗：

油脂太淡，壓紋層次不顯著。

製作

❶ 左手持裝有意式濃縮咖啡的杯子，右手持拉花鋼杯，將打好的奶泡轉圈注入咖啡杯中，使二者充分融合。

❷ 手微微傾斜，待奶泡加至半滿時，左右輕輕晃動手腕，按圖示方向拉花，然後收起奶泡。

❸ 將拉花鋼杯稍向前沖，把前面的奶泡推到後面，同時輕擺手腕，滴上奶泡。

❹ 用同樣的方法滴上三滴奶泡。

❺ 最後滴時，把拉花鋼杯提起來，停頓一下再往前走，從前向後，把奶泡在中間拉到底，形成葉脈。

❻ 樹葉拉花完成。

基礎圖案 → 拓展

密葉

材料

- 意式濃縮咖啡 1 份
- 奶泡　適量

工具

- 咖啡杯
- 拉花鋼杯

操作時間

- 10 秒

製作

❶ 左手持裝有意式濃縮咖啡的杯子，右手持拉花鋼杯，將打好的奶泡轉圈注入咖啡杯中，使二者充分融合。

❷ 左手微微傾斜，待奶泡加至半滿時，右手輕輕晃動手腕，按圖示方向拉花。

❸ 再輕輕晃動手腕，將奶泡以圖示方向延展繪製，直到接近杯壁。

❹ 然後將奶泡以圖示方向從花紋的中間穿過，一氣呵成至底部收尾，完成密葉拉花。

1

2

3

4

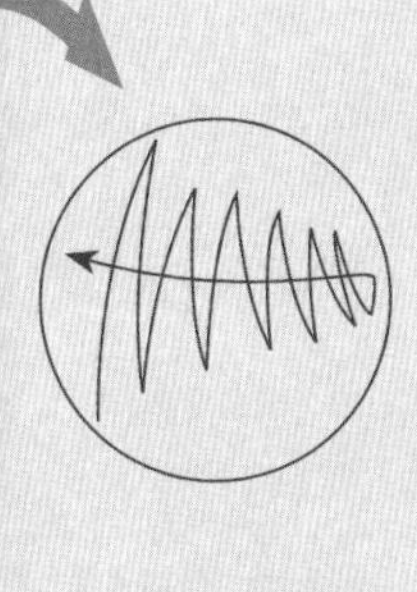

失敗：

融合不夠，使拉花表面除花紋外，其他紋路雜亂。

基礎圖案 → 拓展

羽毛

Video

觀看拉花示範（普通話影片）

材料

- 意式濃縮咖啡 1 份
- 奶泡　適量

工具

- 咖啡杯
- 拉花鋼杯

操作時間

- 10 秒

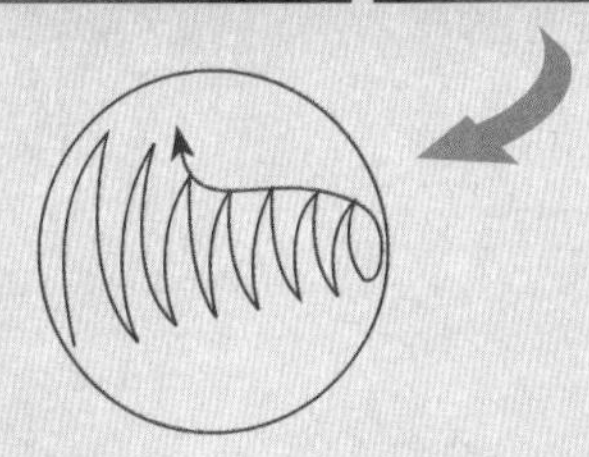

製作

❶ 左手持裝有意式濃縮咖啡的杯子，右手拿拉花鋼杯，將拉花鋼杯中打發的奶泡，均勻注入咖啡杯中。

❷ 待奶泡加至半滿時，以圖示的手法在咖啡杯壁一側輕輕擺動手腕，使奶泡在杯中成羽毛基部。

❸ 再輕輕晃動手腕，將奶泡按圖示方向延展繪製。

❹ 直到杯壁附近。

❺ 然後將奶泡從花紋的一側劃過。

❻ 直到到達羽毛上端，再向一側收尾。

❼ 羽毛拉花完成。

基礎圖案 → 拓展

雙翼之葉

Video
觀看拉花示範
（普通話影片）

材料
- 意式濃縮咖啡 1份
- 奶泡　適量

工具
- 咖啡杯
- 拉花鋼杯

操作時間
- 10秒

製作

❶ 將剛打好的奶泡轉圈注入裝有意式濃縮咖啡的杯中，使二者充分融合，形成厚基底。

❷ 將奶泡以圖示的方向，在咖啡杯一側進行繪製。

❸ 從頂部沿花紋內側繪至底部。

❹ 再在另一側進行繪製。

❺ 沿着花紋側邊繪至到底。

❻ 在中間位置以圖示方向輕輕抖動手腕，繪製出雙翼的中間部分即可。

三生緣

Video

觀看拉花示範
（普通話影片）

材料

- 意式濃縮咖啡 1 份
- 奶泡　適量

工具

- 咖啡杯
- 拉花鋼杯

操作時間

- 10 秒

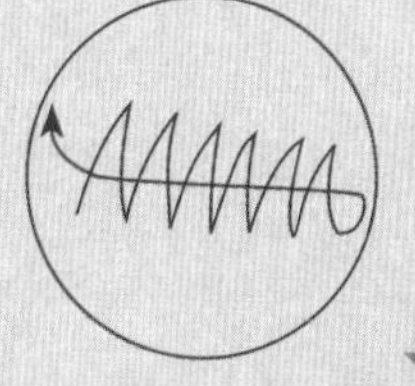

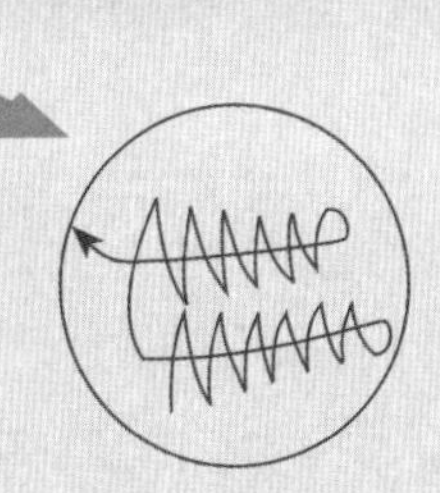

製作

❶ 將打好的奶泡轉圈注入裝有意式濃縮咖啡的杯中，使二者充分融合，形成厚基底。

❷ 將奶泡在咖啡杯一側進行繪製。

❸ 按圖示的方向將奶泡從中間穿過，形成葉子狀。

❹ 奶泡不斷，再在中間進行繪製，繪出另一片葉子。

❺ 以同樣的方法，將最後一片葉子繪好。

❻ 三生緣拉花完成。

密林

材料
- 意式濃縮咖啡 1 份
- 奶泡　適量

工具
- 咖啡杯
- 拉花鋼杯

操作時間
- 10 秒

Video
觀看拉花示範
（普通話影片）

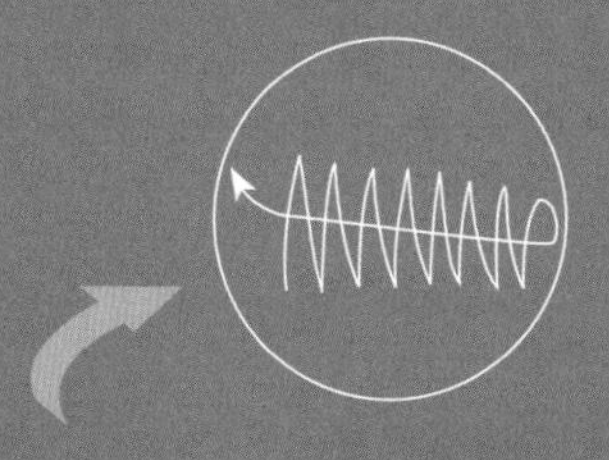

製作

❶ 將打好的奶泡轉圈注入裝有意式濃縮咖啡的杯中，使二者充分融合，形成厚基底。

❷ 按圖示方向沿着杯壁一側繪製出第一片葉子。

❸ 在稍偏中間的位置以同樣的方式繪製出第二片葉子，葉片可以稍大些。

❹ 再以圖示的方式繪製第三片葉子，控制奶泡流速，以細奶泡繪製出第四片葉子即可。

基礎圖案 → 拓展

連理枝

材料

- 意式濃縮咖啡 1 份
- 奶泡　適量

工具

- 咖啡杯
- 拉花鋼杯

操作時間

- 10 秒

Video
觀看拉花示範
（普通話影片）

製作

❶ 將打好的奶泡轉圈注入裝有意式濃縮咖啡的杯中，使二者充分融合，形成厚基底。

❷ 奶泡注入至七分滿時，開始拉花，方向如圖所示繪製一片葉子。

❸ 收尾後，奶泡不停，稍提高拉花鋼杯的高度，控制奶泡流速，再以同樣的方法繪製另一側的葉子。

❹ 再將奶泡從花紋中間穿過，繪成葉子的葉脈，最後在底部留一個長尾。

❺ 連理枝拉花完成。

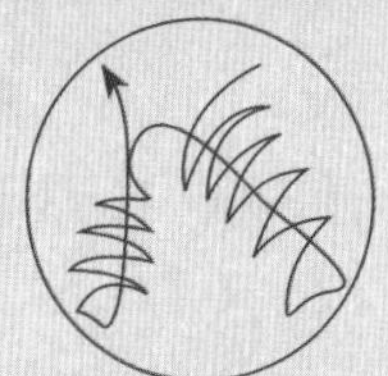

進階拉花

幾秒鐘的巔峰絕技

白天鵝

材料

- 意式濃縮咖啡 1 份
- 奶泡　適量

工具

- 咖啡杯
- 拉花鋼杯

操作時間

- 10 秒

製作

❶ 萃取一杯意式濃縮咖啡，待用。

❷ 左手持咖啡杯，右手持裝有打發好奶泡的拉花鋼杯。

❸ 將打好的奶泡轉圈注入裝有意式濃縮咖啡的杯中，使二者充分融合，形成厚基底。

❹ 奶泡注入至五分滿時，將奶泡着重傾注在咖啡杯一側，左右晃動手腕，形成天鵝基部，方向如圖所示。

❺ 天鵝基部繪製完成後，按圖示方向繪出頸部、頭部即可。

Video

觀看拉花示範
（普通話影片）

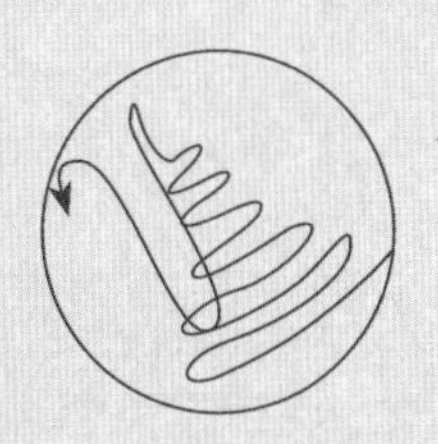

飛翔的愛

Video

觀看拉花示範
（普通話影片）

材料

- 意式濃縮咖啡 1 份
- 奶泡　適量

工具

- 咖啡杯
- 拉花鋼杯

操作時間

- 10 秒

製作

❶ 將打好的奶泡呈“8”字形注入裝有意式濃縮咖啡的杯中，使二者充分融合，形成厚基底。

❷ 加至半滿時，開始拉花，將奶泡著重傾注在咖啡杯一側。

❸ 左右晃動手腕，使奶泡在咖啡中形成翅膀的形狀，再向下移動形成基部，方向如圖所示。

❹ 用同樣的方法，繪出另一側翅膀。

❺ 在翅膀中間，左右晃動手腕，如圖所示方向繪出三顆愛心即可。

1

2

3

4

5

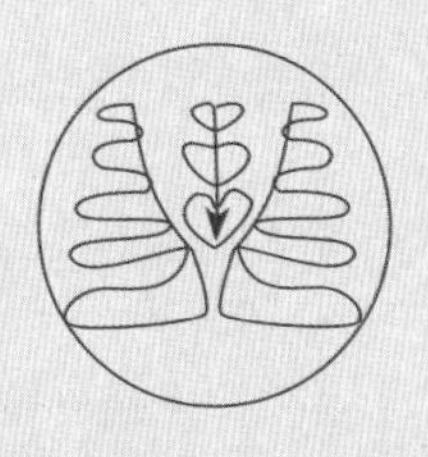

叢林摯愛

材料

- 意式濃縮咖啡 1 份
- 奶泡　適量

工具

- 咖啡杯
- 拉花鋼杯

操作時間

- 10 秒

Video

觀看拉花示範

（普通話影片）

提示：

奶泡儘量多打發一些，否則容易出現最後奶泡不夠而使圖案不能成形的情況。

製作

❶ 萃取一份意式濃縮咖啡，待用。

❷ 左手持咖啡杯，右手拿拉花鋼杯，將打發的奶泡呈“8”字形均勻注入咖啡杯中，使之形成厚基底。

❸ 加至半滿時，從中心點注入，左右輕輕擺動手腕，開始拉花。

❹ 左右晃動手腕，按圖所示方向，使奶泡在咖啡中形成樹葉的形狀。

❺ 如圖所示，依次左右晃動手腕，使奶泡分別在葉子的左側、右側形成心形，並與葉子底部連接即可。

甜心島嶼

材料

- 意式濃縮咖啡 1 份
- 奶泡　適量

工具

- 咖啡杯
- 拉花鋼杯

操作時間

- 10 秒

Video

觀看拉花示範
（普通話影片）

製作

❶ 萃取一份意式濃縮咖啡，打好奶泡，待用。

❷ 將打好的奶泡轉圈注入裝有意式濃縮咖啡的杯中，使二者充分融合，形成厚基底。

❸ 加至半滿時，將奶泡從中心點注入，進行拉花。

❹ 左右晃動手腕，按照下圖所示方向拉花。

❺ 將咖啡杯旋轉到另一側，從中心點注入，將原有的奶泡向上推，再按照同樣的方式，如圖所示方向繪出另一部分即可。

萌芽

材料
- 意式濃縮咖啡 1 份
- 奶泡　適量

工具
- 咖啡杯
- 拉花鋼杯

操作時間
- 10 秒

Video
觀看拉花示範
（普通話影片）

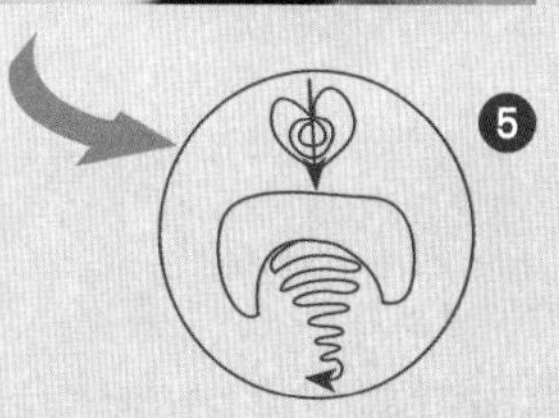

製作

❶ 將奶泡轉圈注入裝有意式濃縮咖啡的杯中，使二者充分融合，形成厚基底。

❷ 加至半滿時，將奶泡從中心點注入，開始拉花。

❸ 左右晃動手腕，按圖示方向，繪出圖案主體。

❹ 將咖啡杯逆時針轉動 180 度。

❺ 按圖示方向，左右擺動手腕，繪製出心形即可。

愛的寶塔

材料

- 意式濃縮咖啡 1 份
- 奶泡　適量

工具

- 咖啡杯
- 拉花鋼杯

操作時間

- 10 秒

Video

觀看拉花示範
（普通話影片）

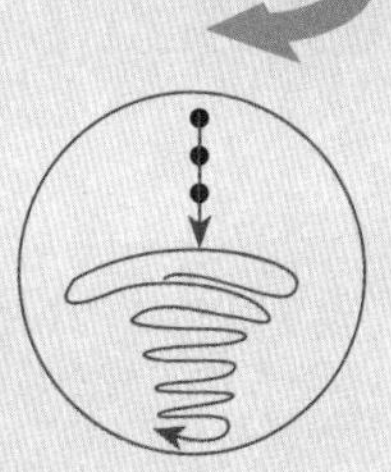

製作

❶ 徐徐將奶泡轉圈注入裝有意式濃縮咖啡的杯中，使二者充分融合，形成厚基底。

❷ 加至半滿時，從中心點開始注入，左右晃動手腕，開始拉花。

❸ 按圖示方向，繪出寶塔部分。

❹ 將咖啡杯逆時針轉動 180 度，手腕向前推，分別繪出三顆愛心雛形。

❺ 最後按圖示方向，用奶泡將三顆愛心串聯起來即可。

翅膀娃娃

材料

- 意式濃縮咖啡 1份
- 奶泡　適量

工具

- 咖啡杯
- 拉花鋼杯
- 雕花棒

操作時間

- 20 秒

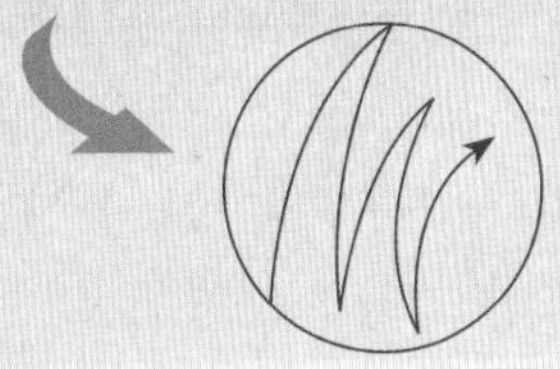

製作

❶ 左手持咖啡杯，右手持拉花鋼杯，徐徐將打好的奶泡轉圈注入裝有意式濃縮咖啡的杯中，使二者充分融合。

❷ 在中心點位置如圖所示左右輕輕晃動手腕，使奶泡在咖啡中形成橢圓狀，再收住。

❸ 將奶泡從下方推着注入。

❹ 並與前方的橢圓形連接。

❺ 順時針方向旋轉咖啡杯，再注入奶泡，成為翅膀娃娃的頭部。用雕花棒蘸少量咖啡液，從下而上繪製出翅膀娃娃的腿部即可。

鯤鵬

材料

- 意式濃縮咖啡 1 份
- 奶泡　適量

工具

- 咖啡杯
- 拉花鋼杯
- 雕花棒

操作時間

- 10 秒

Video

觀看拉花示範
（普通話影片）

製作

❶ 左手持咖啡杯，右手持拉花鋼杯，徐徐將剛打好的奶泡注入咖啡杯中，以“8”字形轉圈注入，使奶泡與咖啡融合。

❷ 至咖啡杯七分滿，將手腕提升，左右晃動，按圖示方向進行拉花，繪製出鯤鵬的一側翅膀。

❸ 再用同樣的方法繪製出鯤鵬的另一側翅膀。

❹ 控制奶泡，將其繪到中間後上提，形成鯤鵬的頸部、頭部。

❺ 用雕花棒蘸取深色奶泡，點出鯤鵬的眼睛即可。

天使

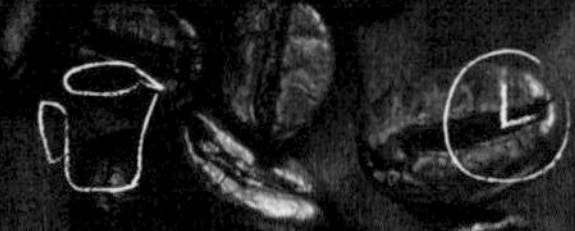

材料

- 意式濃縮咖啡 1 份
- 奶泡　適量

工具

- 咖啡杯
- 拉花鋼杯
- 雕花棒

操作時間

- 10 秒

Tips

多加練習，才能使奶泡在繪製時更流暢。

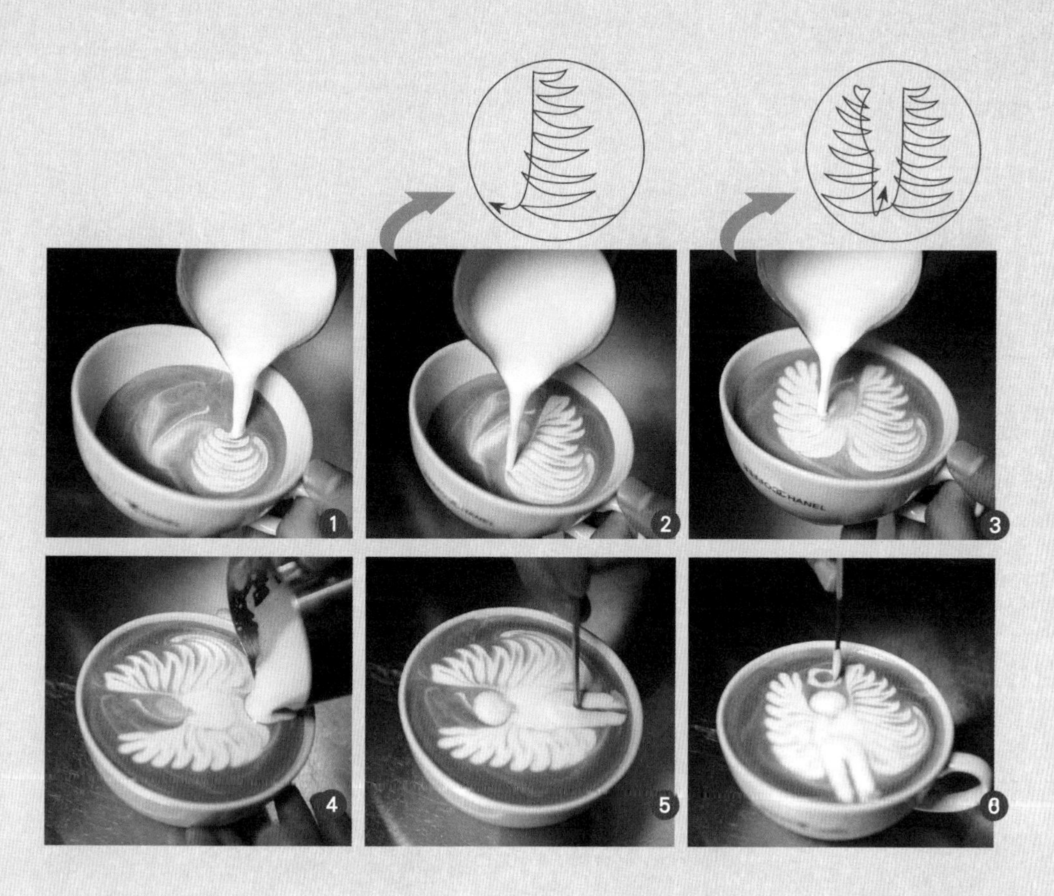

Video

觀看拉花示範
（普通話影片）

製作

❶ 左手持咖啡杯，右手持拉花鋼杯，左手微傾，將打好的奶泡以“8”字形轉圈注入咖啡杯中，使二者充分融合。

❷ 至咖啡杯半滿，從一側注入奶泡，開始拉花，方向如圖所示。

❸ 將奶泡拉到咖啡杯中心點，繼續進行繪製，畫出另一半羽毛，方向如圖所示。

❹ 在中心位置一次性注入大量奶泡，然後把咖啡杯逆時針旋轉 90 度，從咖啡杯底側開始向上注入奶泡，繪製出天使的腿部，再在上方傾注少量奶泡作為天使的頭部。

❺ 用雕花棒蘸少量咖啡，在天使的腿部中間畫一下，使雙腿的分割更明顯。

❻ 再蘸取少量白色奶泡，繪製出天使頭頂的光環即可。

雲心

材料

- 意式濃縮咖啡　1 份
- 奶泡　適量

工具

- 咖啡杯
- 拉花鋼杯

操作時間

- 10 秒

Video

觀看拉花示範
（普通話影片）

製作

❶ 左手持裝有意式濃縮咖啡的杯子，右手持打好奶泡的拉花鋼杯，將奶泡緩緩轉圈注入咖啡中，使二者融合。

❷ 從貼近杯壁的一端開始，按照圖示方向晃動手腕，繪製出雲紋。

❸ 繪製至雲紋結束，使奶泡貼近杯中心。

❹ 奶泡不要停頓，再按圖示方向繪製出心形。

❺ 收尾可稍拉長，讓心形更突出。

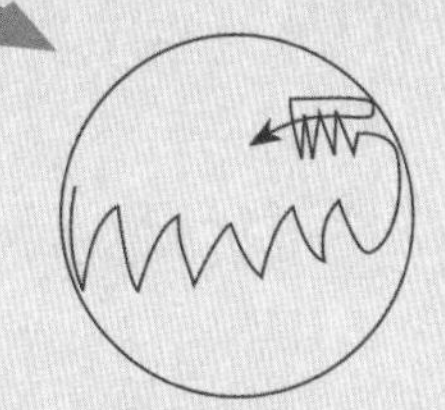

材料

- 意式濃縮咖啡 1 份
- 奶泡　適量

工具

- 咖啡杯
- 拉花鋼杯
- 雕花棒

操作時間

- 10 秒

Video

觀看拉花示範
（普通話影片）

製作

❶ 左手持裝有意式濃縮咖啡的杯子，右手持打好奶泡的拉花鋼杯，將奶泡緩緩轉圈注入咖啡中，使二者融合。

❷ 從底端開始，貼近杯壁，按照圖示方向晃動手腕，繪製出松鼠尾巴上的毛。

❸ 奶泡不要停留，沿着內側滑下，繪製成松鼠尾巴。

❹ 奶泡貼向中心端，控制奶泡流量，繪出松鼠的身體。

❺ 再用雕花棒蘸取適量咖啡，把松鼠身體細節勾畫出來即可。

摩卡雕花

在杯中繪出美

紫荊花

Tips
一定要每畫一下，用布擦一下雕花棒尖。

材料

- 意式濃縮咖啡　1 份
- 朱古力醬　適量
- 熱牛奶　適量
- 淡奶油　適量

工具

- 咖啡杯
- 拉花鋼杯
- 雕花棒

操作時間

- 15 秒

Video

觀看拉花示範
（普通話影片）

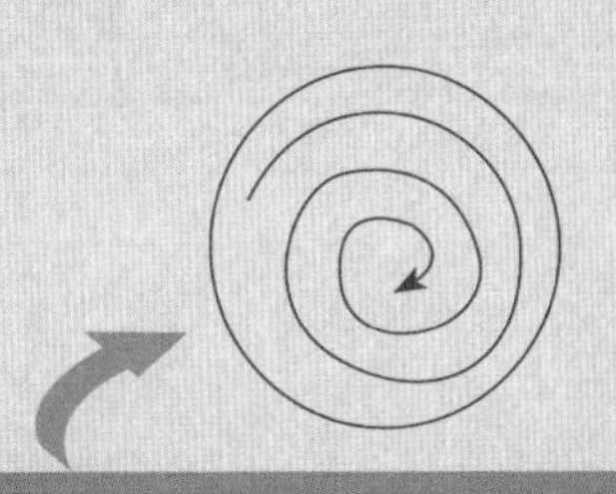

製作

❶ 將朱古力醬以畫圈的方式注入意式濃縮咖啡中。

❷ 再倒入熱牛奶，充分融合，至杯子九分滿。

❸ 舀入淡奶油，使淡奶油在咖啡表面形成厚厚的一層，輕震幾下，使表面平整。

❹ 用朱古力醬在淡奶油表面，從中心點開始以逆時針的方向畫圈。

❺ 用雕花棒按圖示方向將整個圓形分割，畫成一朵八瓣花。

❻ 再從中間向旁邊挑開，使表面形成尖尖的花瓣即可。

心之花

材料

- 意式濃縮咖啡 1份
- 朱古力醬　適量
- 熱牛奶　適量
- 淡奶油　適量

工具

- 咖啡杯
- 拉花鋼杯
- 吧勺
- 雕花棒

操作時間

- 15 秒

Video

觀看拉花示範
（普通話影片）

貼士：

如果部分線條過細，可以用朱古力醬再次進行加粗。

拓展：

也可以將心形部分進行變化。

製作

❶ 將朱古力醬注入意式濃縮咖啡中，再以轉圈方式均勻地注入熱牛奶，充分融合，至咖啡杯九分滿。

❷ 用吧勺舀去表面的粗泡沫。

❸ 用吧勺將淡奶油舀入咖啡表面，使之形成厚厚的一層，再輕震幾下，使表面平整。

❹ 用朱古力醬在淡奶油表面按圖示方向繪製。

❺ 用朱古力醬在花的下方以「之」字形的手法繪製出花莖，兩側繪製出花紋、圓圈。

❻ 用雕花棒將圓圈調整，繪製成心形即可。

風火輪

Video

觀看拉花示範
（普通話影片）

材料

- 意式濃縮咖啡　1 份
- 朱古力醬　適量
- 熱牛奶　適量
- 淡奶油　適量

工具

- 咖啡杯
- 拉花鋼杯
- 吧勺
- 雕花棒

操作時間

- 15 秒

製作

❶ 將朱古力醬、淡奶油依次均勻注入意式濃縮咖啡杯中，充分融合，至咖啡杯九分滿。

❷ 用吧勺舀去咖啡表面的粗泡沫。

❸ 用吧勺將淡奶油舀入咖啡表面，使之形成厚厚的一層，輕震幾下，使淡奶油均勻鋪開。

❹ 用朱古力醬在淡奶油表面繪製出「米」字形，繪製時要一條線繪製到底。

❺ 用雕花棒在表面以逆時針方向畫圈，使之呈渦旋狀即可。

1

2

3

4

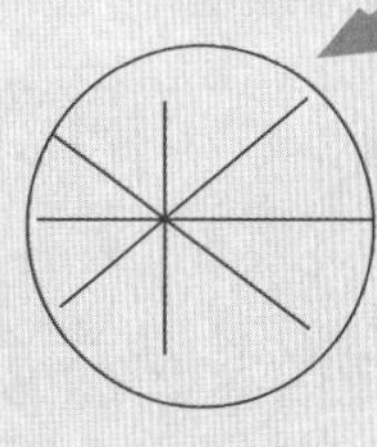

5

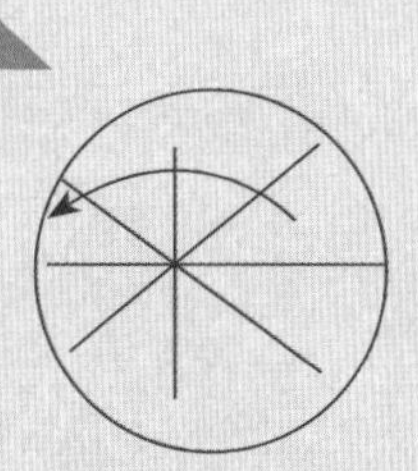

空中花園

材料

- 意式濃縮咖啡　1 份
- 熱牛奶　適量
- 淡奶油　適量
- 朱古力醬　適量

工具

- 咖啡杯
- 拉花鋼杯
- 吧勺
- 雕花棒

操作時間

- 15 秒

製作

❶ 用拉花鋼杯轉圈在意式濃縮咖啡中注入熱牛奶，至咖啡杯九分滿。

❷ 將淡奶油舀入咖啡表面，使之形成厚厚的一層，輕震幾下，使淡奶油表面均勻。

❸ 在淡奶油表面用朱古力醬分別按照如下圖所示繪製出形狀。

❹ 用雕花棒在圓形表面，如圖示方向繪製出花的輪廓。

❺ 再用雕花棒在花形表面，如下圖的方向進行繪製，使之呈現出花瓣感。

❻ 用雕花棒，在外圈上以畫波浪的方式進行勾畫裝飾即可。

花開滿園

材料

- 意式濃縮咖啡　1 份
- 朱古力醬　適量
- 熱牛奶　適量
- 淡奶油　適量

工具

- 咖啡杯
- 拉花鋼杯
- 吧勺
- 雕花棒

操作時間

- 15 秒

製作

❶ 將朱古力醬、熱牛奶依次注入意式濃縮咖啡杯中，充分融合，至咖啡杯九分滿。用吧勺舀去咖啡表面的粗泡沫，再將淡奶油舀入咖啡表面，使之形成厚厚的一層，輕震幾下，使淡奶油均勻鋪開。

❷ 在淡奶油表面用朱古力醬分別在兩側擠出花形圖案的雛形，並繪出葉子雛形。

❸ 用雕花棒在兩朵花形表面，分別如圖 A、圖 B 的方向進行繪製，使之呈現出花朵感。

❹ 用雕花棒在葉子中間畫出葉脈。

❺ 在表面空隙處用朱古力醬進行點綴。

❻ 再用雕花棒，以畫波浪的方式進行勾畫裝飾即可。

花與愛麗絲

Video
觀看拉花示範
（普通話影片）

材料

- 意式濃縮咖啡　1 份
- 朱古力醬　適量
- 熱牛奶　適量
- 淡奶油　適量

工具

- 咖啡杯
- 拉花鋼杯
- 吧勺
- 雕花棒

操作時間

- 15 秒

製作

❶ 將朱古力醬注入意式濃縮咖啡中，再倒入熱牛奶，充分融合，至咖啡杯九分滿，再用吧勺舀入淡奶油，使淡奶油在咖啡表面形成厚厚的一層，輕震幾下，使表面平整。

❷ 用朱古力醬在淡奶油表面，從杯子 1/3 處中心點開始以逆時針的方向如圖示畫圈，再在圈的左邊以「之」字形進行繪製。

❸ 用雕花棒在圓圈表面以由外向內的方向進行繪製。

❹ 再將花瓣中心點，以由內向外的方向進行處理。

❺ 用雕花棒在葉子中間畫出葉脈即可。

幾何花

材料

- 意式濃縮咖啡　1 份
- 朱古力醬　適量
- 熱牛奶　適量
- 淡奶油　適量

工具

- 咖啡杯
- 拉花鋼杯
- 吧勺
- 雕花棒

操作時間

- 15 秒

Video

觀看拉花示範
（普通話影片）

製作

❶ 將朱古力醬注入意式濃縮咖啡中，再倒入熱牛奶，充分融合，至咖啡杯九分滿，用吧勺舀出漂在表面的粗泡沫。

❷ 用吧勺舀入淡奶油，使淡奶油在咖啡表面形成厚厚的一層，用雕花棒將不平整之處轉圈抹平。

❸ 在淡奶油表面用朱古力醬從中心點開始以順時針的方向畫圈。

❹ 用雕花棒在表面從外側向內側，將圓圈進行 4 等份勾畫，繪製出花瓣。

❺ 將每個花瓣再次由外向內進行等份繪製即可。

柳枝

材料

- 意式濃縮咖啡　1 份
- 朱古力醬　適量
- 熱牛奶　適量
- 淡奶油　適量

工具

- 咖啡杯
- 拉花鋼杯
- 吧勺
- 雕花棒

操作時間

- 15 秒

Video

觀看拉花示範

（普通話影片）

製作

❶ 將朱古力醬注入意式濃縮咖啡中，再倒入熱牛奶，充分融合，至咖啡杯九分滿，用吧勺舀出漂在表面的粗泡沫。

❷ 舀入淡奶油，使淡奶油在咖啡表面形成厚厚的一層，輕震幾下，使表面平整。

❸ 用朱古力醬在淡奶油表面，從靠近杯壁一側開始，如圖示，以「之」字形進行繪製。

❹ 在另一側也進行同樣的繪製。

❺ 用雕花棒在一側的圖案自上而下繪製出葉脈，另一側圖案則反方向進行繪製，出現二者首尾相呼應的效果。

牡丹

材料

- 意式濃縮咖啡　1 份
- 朱古力醬　適量
- 熱牛奶　適量
- 淡奶油　適量

工具

- 咖啡杯
- 拉花鋼杯
- 吧勺
- 雕花棒

操作時間

- 15 秒

製作

❶ 將朱古力醬注入意式濃縮咖啡中，再倒入熱牛奶，充分融合，至咖啡杯九分滿，用吧勺舀入淡奶油，使淡奶油在咖啡表面形成厚厚的一層，輕震幾下，使表面平整。

❷ 用朱古力醬在淡奶油表面，從中心點開始如圖示畫圈，從小到大依次畫完 3 個圈。

❸ 用雕花棒在最大的圈上如圖進行波浪式的勾畫，形成花朵最外緣的花瓣。

❹ 以同樣的方法繪製第二層、第三層花瓣。

❺ 最後，將花紋向中間靠攏即可。

Video

觀看拉花示範
（普通話影片）

海上日出

Video

觀看拉花示範
（普通話影片）

材料

- 意式濃縮咖啡　1 份
- 朱古力醬　適量
- 熱牛奶　適量
- 淡奶油　適量

工具

- 咖啡杯
- 拉花鋼杯
- 吧勺
- 雕花棒

操作時間

- 15 秒

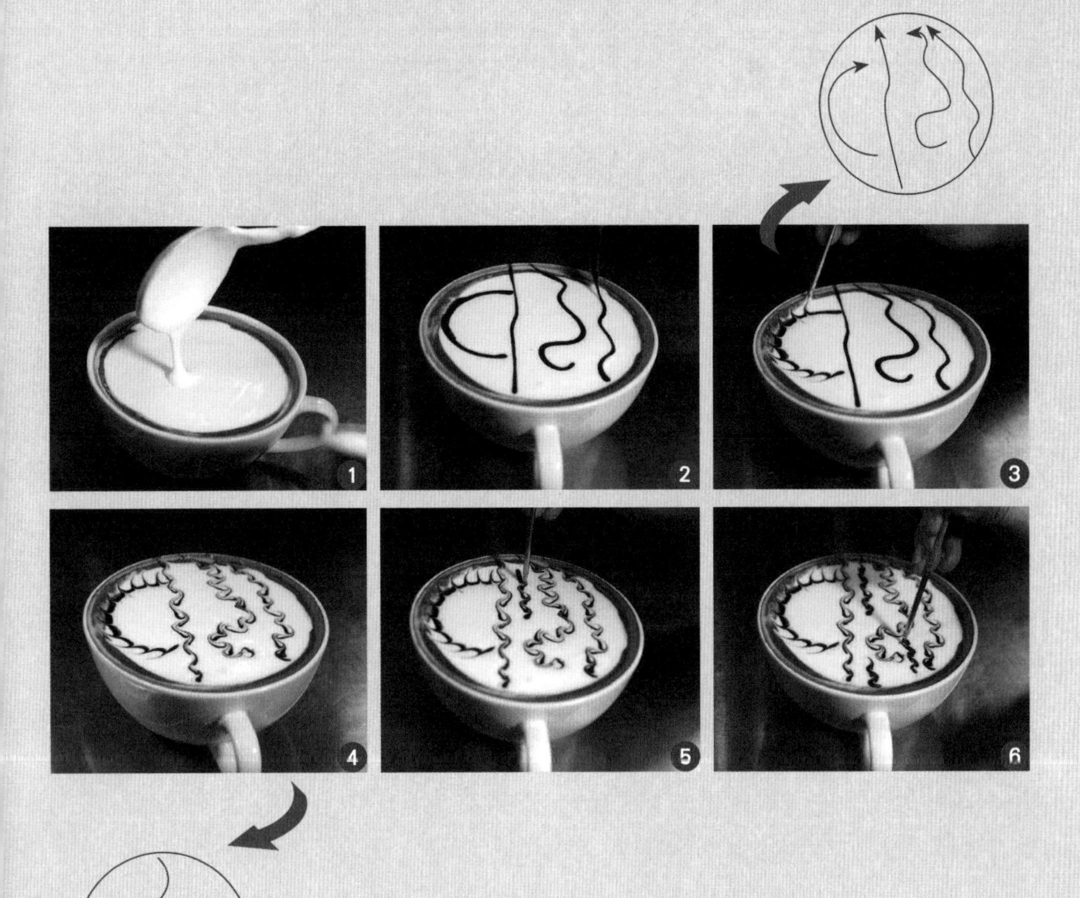

製作

❶ 將朱古力醬注入意式濃縮咖啡中，再倒入熱牛奶，充分融合，至咖啡杯九分滿，用吧勺舀出漂在表面的粗泡沫。舀入淡奶油，使淡奶油在咖啡表面形成厚厚的一層，輕震幾下，使表面平整。

❷ 用朱古力醬在淡奶油表面繪出如圖所示的線條，勾畫出太陽和海洋的雛形。

❸ 再用雕花棒勾畫出太陽的光芒。

❹ 將雕花棒採用上方的曲線勾畫出海洋的波浪。

❺ 用朱古力醬在空白處進行補繪，繼續用雕花棒進行勾畫。

❻ 把畫面中的重點波浪進行細緻刻畫即可。

水中花

Video

觀看拉花示範
（普通話影片）

材料	工具	操作時間
♦ 意式濃縮咖啡 1 份 ♦ 朱古力醬　適量 ♦ 熱牛奶　適量 ♦ 淡奶油　適量	♦ 咖啡杯 ♦ 拉花鋼杯 ♦ 吧勺 ♦ 雕花棒	♦ 15 秒

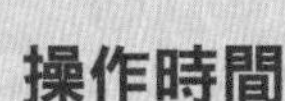

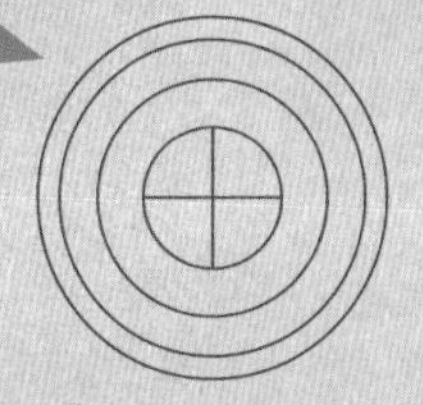

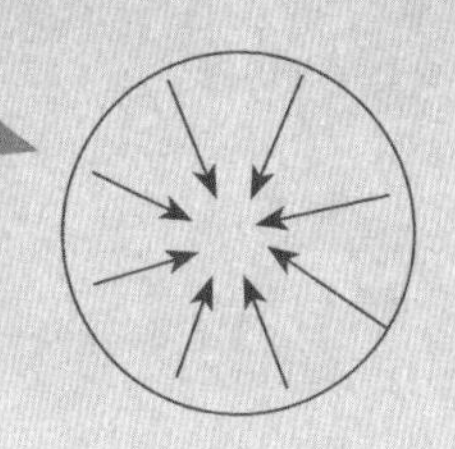

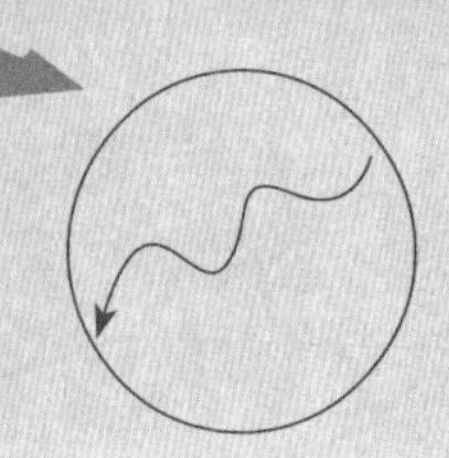

製作

❶ 將朱古力醬注入意式濃縮咖啡中，再倒入熱牛奶，充分融合，至咖啡杯九分滿，用吧勺舀出漂在表面的粗泡沫。舀入淡奶油，使淡奶油在咖啡表面形成厚厚的一層，輕震幾下，使表面平整。

❷ 用朱古力醬在淡奶油表面，從外向內，如圖所示繪製出花的基礎輪廓。

❸ 再從外緣向內，進行波浪狀勾畫，保留最小的圓圈，中間十字形轉圈勾畫。

❹ 將花紋由外向內，按圖示箭頭方向繪製出花瓣感即可。

花團錦簇

材料

- 意式濃縮咖啡　1 份
- 朱古力醬　適量
- 熱牛奶　適量
- 淡奶油　適量

工具

- 咖啡杯
- 拉花鋼杯
- 吧勺
- 雕花棒

操作時間

- 15 秒

Video

觀看拉花示範
（普通話影片）

製作

❶ 將朱古力醬注入意式濃縮咖啡中，再倒入熱牛奶，充分融合，至咖啡杯九分滿，用吧勺舀出漂在表面的粗泡沫，舀入淡奶油，使淡奶油在咖啡表面形成厚厚的一層，用雕花棒使表面平整。

❷ 用朱古力醬在淡奶油表面按順序繪製出 4 個圓圈。

❸ 在中心處用朱古力醬繪出「十」字形。

❹ 將左邊的圓圈用雕花棒由外向內繪製，使之成為紫荊花狀。

❺ 將剩餘的圓圈，按圖示方向從內向外繪製成花朵狀，中心的十字自由繪製即可。

旋渦

材料

- 意式濃縮咖啡　1 份
- 朱古力醬　適量
- 熱牛奶　適量
- 淡奶油　適量

工具

- 咖啡杯
- 拉花鋼杯
- 吧勺
- 雕花棒

操作時間

- 15 秒

製作

❶ 將朱古力醬注入意式濃縮咖啡中，再倒入熱牛奶，充分融合，至咖啡杯九分滿，用吧勺舀出漂在表面的粗泡沫。

❷ 舀入淡奶油，使淡奶油在咖啡表面形成厚厚的一層，輕震幾下，使表面平整。

❸ 用朱古力醬在淡奶油表面，從左到右畫出 3 道橫線。

❹ 再畫出 3 道豎線。

❺ 用雕花棒以逆時針方向進行轉圈繪製，直至形成旋渦狀即可。

Video

觀看拉花示範
（普通話影片）

雨傘

Video
觀看拉花示範
（普通話影片）

材料
- 意式濃縮咖啡　1 份
- 朱古力醬　適量
- 熱牛奶　適量
- 淡奶油　適量

工具
- 咖啡杯
- 拉花鋼杯
- 吧勺
- 雕花棒

操作時間
- 15 秒

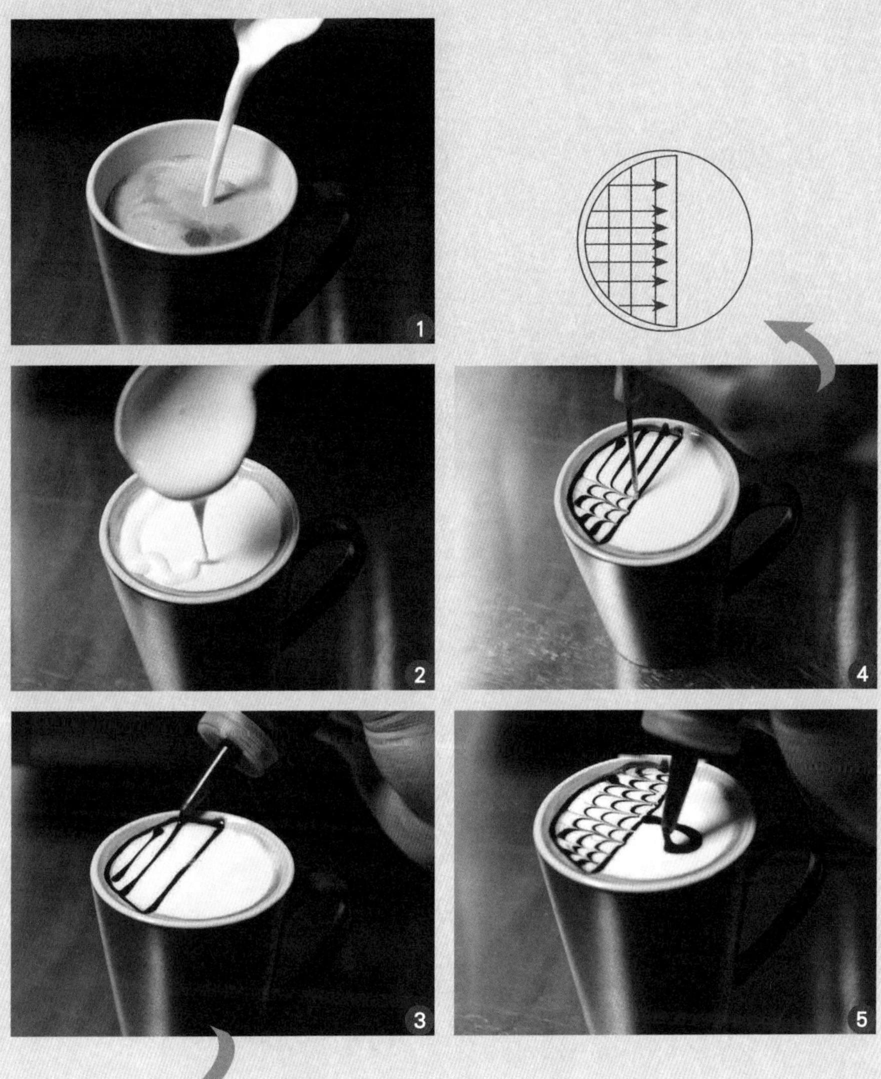

製作

❶ 將朱古力醬注入意式濃縮咖啡中，再倒入熱牛奶，充分融合，至咖啡杯九分滿。

❷ 用吧勺舀入淡奶油，使淡奶油在咖啡表面形成厚厚的一層，輕震幾下，使表面平整。

❸ 用朱古力醬在淡奶油表面，如圖所示，繪製出雨傘的頂部。

❹ 再用雕花棒自上而下繪製出花紋。

❺ 最後用朱古力醬繪製出雨傘柄即可。

竹林

材料

- 意式濃縮咖啡 1 份
- 朱古力醬　適量
- 熱牛奶　適量
- 淡奶油　適量

工具

- 咖啡杯
- 拉花鋼杯
- 吧勺
- 雕花棒

操作時間

- 15 秒

Video

觀看拉花示範
（普通話影片）

製作

❶ 將朱古力醬注入意式濃縮咖啡中，再倒入熱牛奶，充分融合，至咖啡杯九分滿。

❷ 用吧勺舀入淡奶油，使淡奶油在咖啡表面形成厚厚的一層，輕震幾下，使表面平整。

❸ 用朱古力醬在淡奶油表面，繪出「之」字形。

❹ 在淡奶泡表面，用雕花棒按圖示方向移動，形成花紋。

❺ 竹林拉花完成。

3D拿鐵拉花

萌萌爪

材料

- 奶泡　2 份
- 意式濃縮咖啡 1 份

工具

- 咖啡杯
- 雕花棒
- 拉花鋼杯
- 吧勺

操作時間

- 15 秒

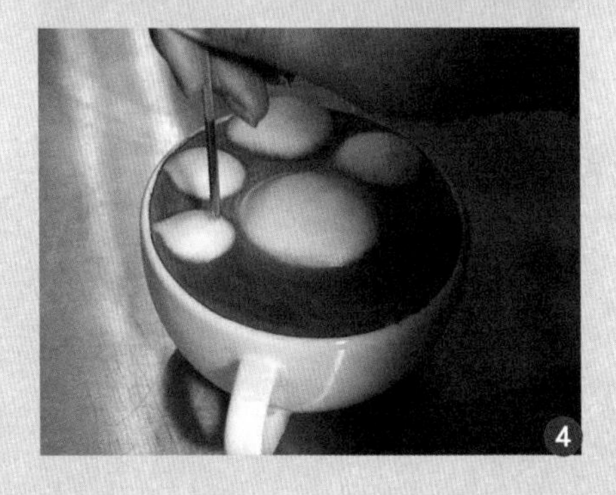

製作

❶ 將一份奶泡用拉花鋼杯轉圈均勻注入意式濃縮咖啡中，至咖啡杯九分滿，留出中心點。

❷ 將沉澱 1 分鐘後的第二份奶泡，用吧勺舀入咖啡中，做出立體效果，形成爪子中間的「肉墊」。

❸ 再分別舀出四小堆奶泡，做成爪子。

❹ 用雕花棒蘸取適量咖啡液，在奶泡上勾畫出圓圈和尖爪花紋。

❺ 萌萌爪 3D 拿鐵咖啡拉花完成。

海星

材料

- 奶泡　2 份
- 意式濃縮咖啡 1 份

工具

- 咖啡杯
- 雕花棒
- 拉花鋼杯
- 吧勺

操作時間

- 15 秒

Video

觀看拉花示範
（普通話影片）

製作

❶ 將一份奶泡用拉花鋼杯轉圈均勻注入意式濃縮咖啡中，至咖啡杯九分滿，再將另一份沉澱 1 分鐘後的奶泡一勺勺舀入杯中，做出立體感。

❷ 將剩餘奶泡再次舀入杯中，使表面的立體感更強。

❸ 用雕花棒在表面輕輕地拉出星星的一個角，使角搭到杯沿。

❹ 再用雕花棒將剩餘的角以圖示的方向拉出，形成星星的輪廓。

❺ 用雕花棒蘸取少量咖啡液，在奶泡表面繪製出星星的外緣和笑臉即可。

大嘴猴

材料

- 奶泡　2 份
- 意式濃縮咖啡 1 份

工具

- 咖啡杯
- 雕花棒
- 拉花鋼杯
- 吧勺

操作時間

- 15 秒

Video

觀看拉花示範
（普通話影片）

製作

❶ 將一份奶泡用拉花鋼杯轉圈均勻注入意式濃縮咖啡中，至咖啡杯九分滿。

❷ 將沉澱 1 分鐘後的第二份奶泡用吧勺一點點舀入咖啡表面，做出大嘴猴的眼部、嘴部和耳朵，形成立體效果。

❸ 用雕花棒將不均勻之處進行轉圈調整。

❹ 用雕花棒蘸取少量咖啡液，繪出大嘴猴的眼睛和鼻孔。

❺ 再繪製出嘴巴和牙齒即可。

帽子

- 奶泡 2 份
- 意式濃縮咖啡 1 份

工具

- 咖啡杯
- 雕花棒
- 拉花鋼杯
- 吧勺

操作時間

- 15 秒

Video

觀看拉花示範
（普通話影片）

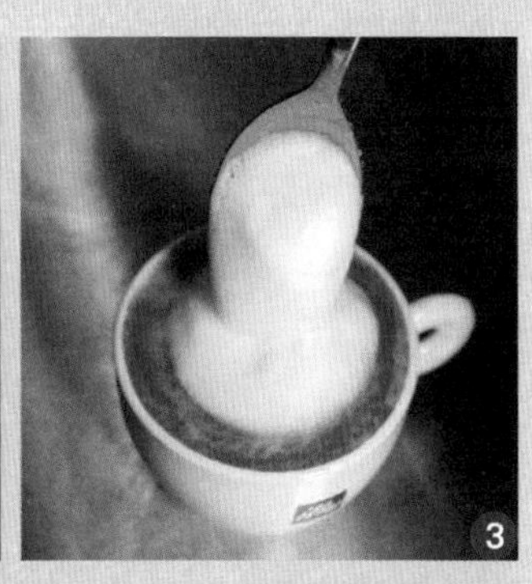

製作

❶ 將一份奶泡用拉花鋼杯轉圈均勻注入意式濃縮咖啡中，至咖啡杯九分滿，留出中心點，將沉澱 1 分鐘後的第二份奶泡用吧勺一點點舀入咖啡中間，做出立體感。

❷ 用雕花棒將不平整之處進行轉圈調整，製成平整的帽檐。

❸ 再用吧勺一點點舀入奶泡，做成帽子中央的凸起。

❹ 用雕花棒蘸取咖啡液，在帽子上畫出裝飾彩帶。

❺ 再繪製出蝴蝶結即可。

趴趴狗

材料

- 奶泡　2 份
- 意式濃縮咖啡 1 份

工具

- 咖啡杯
- 雕花棒
- 拉花鋼杯
- 吧勺

操作時間

- 15 秒

Video

觀看拉花示範
（普通話影片）

貼士：

好的奶泡是製作出好的3D拉花的關鍵，下圖的奶泡太粗，導致製作失敗。

製作

❶ 將一份奶泡用拉花鋼杯轉圈均勻注入意式濃縮咖啡中，至咖啡杯九分滿，留出中心點，再將沉澱 1 分鐘後的第二份奶泡用吧勺一點點舀入咖啡中，做出小狗身體。

❷ 繼續舀入奶泡，做出小狗的頭部，並用雕花棒蘸取少量奶泡做出小狗的耳朵。

❸ 再蘸取奶泡做出小狗的四肢，並用雕花棒蘸少量咖啡液繪製出小狗的尾巴。

❹ 繼續用雕花棒蘸取少量咖啡液，繪製出小狗的耳朵、眼睛和鼻子。

❺ 最後再進行細節調整即可。

1

2

3

4

5

獅子

材料

- 奶泡　2 份
- 意式濃縮咖啡 1 份

工具

- 咖啡杯
- 雕花棒
- 拉花鋼杯
- 吧勺

操作時間

- 15 秒

Video

觀看拉花示範
（普通話影片）

製作

❶ 將一份奶泡用拉花鋼杯轉圈均勻注入意式濃縮咖啡中，使二者充分融合，至咖啡杯九分滿。

❷ 將沉澱 1 分鐘後的第二份奶泡用吧勺一點點舀入咖啡中，在咖啡表面形成厚厚而平整的一層。

❸ 在中間位置，繼續舀入奶泡，做出立體的獅子頭部，然後用雕花棒蘸取少量咖啡液，繪製出獅子的鬃毛。

❹ 蘸取少量奶泡，繪製出獅子的耳朵。

❺ 最後蘸取咖啡液繪製出獅子的眼睛、鼻子、鬍子和嘴巴即可。

小奶牛

材料

- 奶泡　2 份
- 意式濃縮咖啡 1 份

工具

- 咖啡杯
- 雕花棒
- 拉花鋼杯
- 吧勺

操作時間

- 15 秒

製作

❶ 將一份奶泡用拉花鋼杯轉圈均勻注入意式濃縮咖啡中，使二者充分融合，將沉澱 1 分鐘後的第二份奶泡用吧勺一點點舀入咖啡的中心位置。

❷ 重複舀入奶泡，讓奶泡在表面累積得越來越高，成為牛的頭部。

❸ 用雕花棒蘸取少量綿密的奶泡，做出立體的牛耳朵。

❹ 再用雕花棒蘸取少量咖啡液，繪製出牛的眼睛、鼻子、耳朵。

❺ 把牛的眼睛、嘴巴、耳朵繪製完成即可。

小熊

材料

- 奶泡　2 份
- 意式濃縮咖啡 1 份

工具

- 咖啡杯
- 雕花棒
- 拉花鋼杯
- 吧勺

操作時間

- 15 秒

Video

觀看拉花示範

（普通話影片）

製作

❶ 將一份奶泡用拉花鋼杯轉圈均勻注入意式濃縮咖啡中，使二者充分融合，至咖啡杯七分滿時，在中心點如圖所示，輕輕擺動手腕，使咖啡表面呈現葉子狀。

❷ 在下方用奶泡繪製出心形。

❸ 將沉澱 1 分鐘後的第二份奶泡用吧勺舀入咖啡中，做出立體的小熊耳朵。

❹ 用雕花棒蘸取咖啡液繪製出小熊的鼻子。

❺ 再將小熊的眼睛繪製完成即可。

花豬

材料

- 奶泡　2 份
- 意式濃縮咖啡 1 份

工具

- 咖啡杯
- 雕花棒
- 拉花鋼杯
- 吧勺

操作時間

- 15 秒

Video

觀看拉花示範
（普通話影片）

製作

❶ 將一份打發後奶泡用拉花鋼杯轉圈均勻注入意式濃縮咖啡中，使二者均勻混合，至咖啡杯九分滿。將沉澱 1 分鐘後的第二份奶泡用吧勺一點點舀入咖啡中，做出立體的小豬頭部。

❷ 用雕花棒蘸取少量奶泡繪製出小豬的耳朵、鼻子和胸前的蝴蝶結。

❸ 用雕花棒蘸取少量咖啡液，繪製出小豬的腮。

❹ 繼續繪製眼睛、鼻子、嘴巴、蝴蝶結，最後在周圍用圖示的方法繪製出花邊裝飾即可。

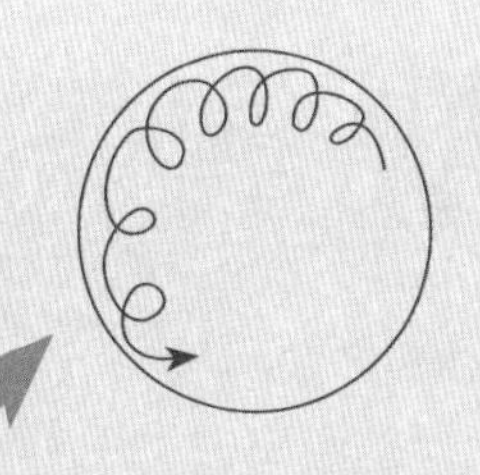

多啦 A 夢

材料

- 奶泡　2 份
- 意式濃縮咖啡 1 份

工具

- 咖啡杯
- 雕花棒
- 拉花鋼杯
- 吧勺

操作時間

- 15 秒

Video

觀看拉花示範（普通話影片）

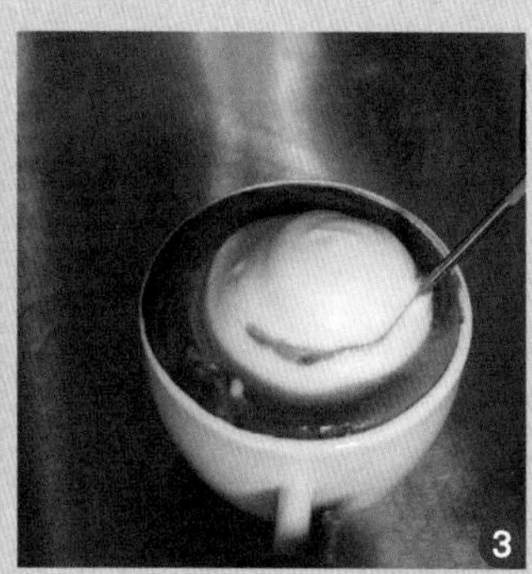

製作

❶ 將一份打發後奶泡用拉花鋼杯轉圈均勻注入意式濃縮咖啡中，使二者均勻混合，至咖啡杯九分滿。將沉澱1分鐘後的第二份奶泡用吧勺一點點舀入咖啡中，做出立體的多啦A夢頭部。

❷ 用雕花棒將不平整之處進行轉圈調整。

❸ 用雕花棒蘸取少量咖啡液，繪製出哆啦A夢的面部外輪廓。

❹ 再繪製出鈴鐺、嘴巴和鼻子。

❺ 最後繪製出眼睛、鬍鬚即可。

萌貓

材料

- 奶泡　2 份
- 意式濃縮咖啡 1 份

工具

- 咖啡杯
- 雕花棒
- 拉花鋼杯
- 吧勺

操作時間

- 15 秒

製作

❶ 將一份打發後奶泡用拉花鋼杯轉圈均勻注入意式濃縮咖啡中，使二者均勻混合，至咖啡杯九分滿。

❷ 將沉澱 1 分鐘後的第二份奶泡用吧勺一點點舀入咖啡中，製成萌貓頭部。

❸ 用雕花棒將萌貓的頭部弄平整。

❹ 用雕花棒蘸取奶泡，堆放在萌貓的前方，製成貓爪。

❺ 用雕花棒蘸取少量奶泡，放在萌貓的頭部，製成貓耳朵。

❻ 用雕花棒蘸取少量咖啡液，點出萌貓的眼睛。

❼ 最後繪製出鼻子、耳朵、鬍鬚即可。

咖啡拉花的其他可能

抹茶心形

材料

- 抹茶粉　1 平勺
- 冷藏牛奶　適量

工具

- 咖啡杯
- 拉花鋼杯
- 吧勺

操作時間

- 10 秒

Video

觀看拉花示範
（普通話影片）

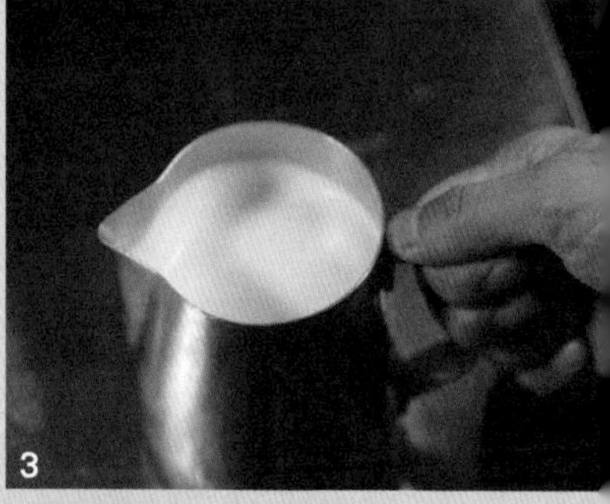

拓展：

也可以繪製抹茶鬱金香。

失敗：

奶泡太稀，無法拉出飽滿的心形。

製作

❶ 取一平勺抹茶粉，放入咖啡杯中，注入適量熱水沖泡抹茶粉，用吧勺攪拌均勻。

❷ 往拉花鋼杯裡倒入適量的冷藏牛奶，至凹槽處，將蒸氣棒插入牛奶，形成起泡角度，打發奶泡。

❸ 將打發好的奶泡在桌上敲擊，輕震幾下，用吧勺撇去表面較粗奶泡，晃動均勻。

❹ 左手拿着咖啡杯，右手拿拉花鋼杯，將打好的奶泡注入抹茶中充分融合，加至半滿時，中心點注入，左右擺動手腕，開始按圖示方向拉花。

❺ 手腕向一側拉，將奶泡向圖形底部拉進行收杯，此時手要穩，使奶泡在咖啡杯中成心形即可。

三彩花

Video
觀看拉花示範
（普通話影片）

材料

- 奶泡　適量
- 黃色食用色素　適量
- 藍色食用色素　適量
- 紅色食用色素　適量

工具

- 咖啡杯
- 拉花鋼杯
- 吧勺
- 雕花棒

操作時間

- 15 秒

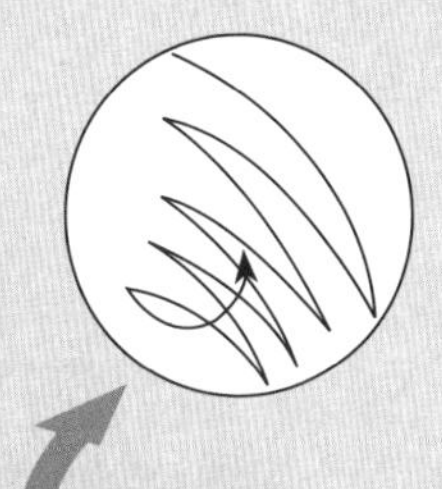

製作

❶ 在綿密的奶泡中分次舀入紅、藍、黃三種食用色素。

❷ 左手握咖啡杯，右手持拉花鋼杯，將奶泡轉圈注入咖啡杯中。

❸ 加至半滿時，從中心點開始，左右擺動手腕按圖示方向進行拉花，繪製出葉子。

❹ 再將拉花鋼杯稍向前沖，把前面的奶泡推到後面，同時輕擺手腕，滴上奶泡，用同樣的方法滴上 3 滴奶泡。

❺ 最後滴時，把拉花鋼杯提起來，停一下再往前走，把奶泡在中間拉到底，形成葉莖即可。

三彩孔雀

材料

- 奶泡　適量
- 黃色食用色素適量
- 藍色食用色素適量
- 紅色食用色素適量

工具

- 咖啡杯
- 拉花鋼杯
- 吧勺
- 雕花棒

操作時間

- 15 秒

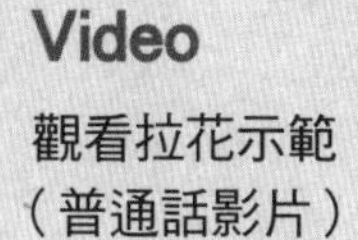

製作

❶ 在綿密的奶泡中舀入紅、藍、黃三種食用色素。

❷ 將剛打好的奶泡轉圈注入咖啡杯中。

❸ 加至半滿時，從中心點開始，左右擺動手腕進行拉花，以圖示的方向先分別拉出兩側的翅膀。

❹ 再向上移動手腕，繪製出頭和脖子。

❺ 用雕花棒將下方的花紋向上勾勒，形成升騰的感覺，再勾勒出孔雀的嘴巴即可。

模具法

Café

材料
- 冷藏牛奶　適量
- 意式濃縮咖啡 1 份
- 抹茶粉　適量

工具
- 咖啡杯
- 拉花鋼杯
- 吧勺
- Cafì 模具

操作時間
- 30 秒

貼士：

不能放置過久，否則會消泡。

Video

觀看拉花示範
（普通話影片）

製作

❶ 將打磨好的咖啡粉，填壓到手柄中，萃取 1 份意式濃縮咖啡。將牛奶倒入拉花鋼杯中，用蒸氣棒打發，在桌上敲擊，震碎大奶泡，用吧勺撇去表面較粗奶泡，晃動均勻。

❷ 將奶泡轉圈注入裝有意式濃縮咖啡的咖啡杯中，使二者充分融合，至六分滿時，手腕停在中心點。

❸ 讓奶泡緩緩收尾，使表面呈現較多的白色。

❹ 將印有 Cafì 字樣的模具，蓋住咖啡杯口。

❺ 將抹茶粉均勻撒到模具上。

❻ 輕輕拿開模具即可。

Kiss

材料

- 奶泡　適量
- 意式濃縮咖啡　1 份
- 抹茶粉　適量

工具

- 咖啡杯
- 拉花鋼杯
- 吧勺
- kiss 模具

操作時間

- 30 秒

Video

觀看拉花示範
（普通話影片）

製作

❶ 徐徐將剛打好的奶泡轉圈注入裝有意式濃縮咖啡的咖啡杯中。

❷ 使二者充分融合，至六分滿時，手腕慢收，讓奶泡緩緩注入，使表面呈現較多的白色。

❸ 將印有 kiss 字樣的模具蓋住咖啡杯口。

❹ 將抹茶粉均勻撒在模具上。

❺ 輕輕拿開模具即可。

太陽花

材料

- 奶泡　適量
- 意式濃縮咖啡　1 份
- 抹茶粉　適量

工具

- 咖啡杯
- 拉花鋼杯
- 吧勺
- 太陽花模具

操作時間

- 30 秒

Video

觀看拉花示範
（普通話影片）

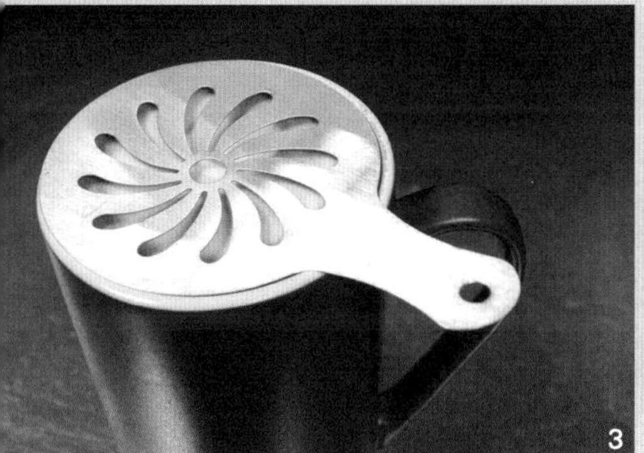

製作

❶ 徐徐將剛打好的奶泡轉圈注入裝有意式濃縮咖啡的咖啡杯中，使二者充分融合。

❷ 至六分滿時，手腕停在中心點，讓奶泡緩緩注入，使表面呈現較多的白色。

❸ 將印有太陽花模具，蓋在咖啡杯口。

❹ 將抹茶粉均勻撒在模具上。

❺ 輕輕拿開模具即可。

幸運草

Video
觀看拉花示範
（普通話影片）

材料
- 奶泡　適量
- 意式濃縮咖啡 1 份
- 抹茶粉　適量

工具
- 咖啡杯
- 拉花鋼杯
- 吧勺
- 幸運草模具

操作時間
- 30 秒

製作

❶ 徐徐將剛打好的奶泡轉圈注入裝有意式濃縮咖啡的咖啡杯中，使二者充分融合。

❷ 至六分滿時，手腕停在中心點，讓奶泡緩緩注入，使表面呈現較多的白色。

❸ 將幸運草模具蓋在咖啡杯口。

❹ 將抹茶粉均勻撒在模具上。

❺ 拿開模具即可。

雪花

材料
- 奶泡　適量
- 意式濃縮咖啡　1 份
- 抹茶粉　適量

工具
- 咖啡杯
- 拉花鋼杯
- 吧勺
- 雪花模具
- 雕花棒

操作時間
- 30 秒

Video
觀看拉花示範
（普通話影片）

製作

❶ 將剛打好的奶泡轉圈注入裝有意式濃縮咖啡的咖啡杯中，使二者充分融合。

❷ 用吧勺舀出表面的粗泡沫，再把奶泡舀入咖啡中，使表面形成厚厚的一層。

❸ 用雕花棒在表面不平之處進行調整。

❹ 將印有雪花的模具，蓋在咖啡杯口；將抹茶粉均勻撒在模具上。

❺ 輕輕拿開模具即可。

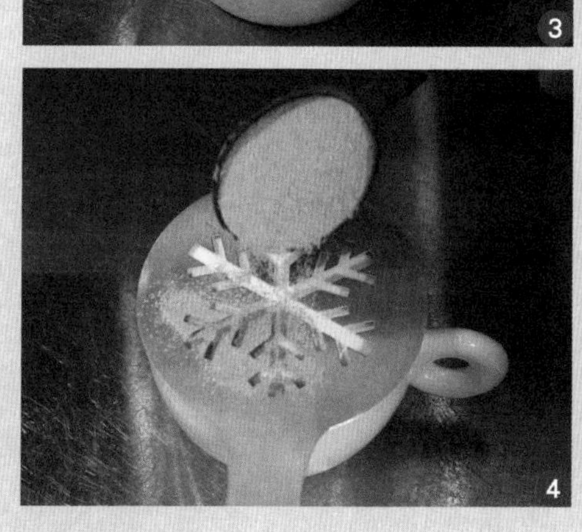

繪製法

馬諾尼

材料
- 意式濃縮咖啡　1 份
- 冷藏牛奶　適量

工具
- 咖啡杯
- 拉花鋼杯
- 雕花棒
- 吧勺

操作時間
- 20 秒

製作

❶ 將咖啡粉萃取成意式濃縮咖啡。

❷ 將冷藏牛奶倒入拉花鋼杯中，蒸氣棒插入牛奶，形成起泡角度，打發奶泡，在桌上敲擊，震碎大奶泡，用吧勺撇去表面較粗奶泡，晃動均勻。

❸ 徐徐將剛打好的奶泡轉圈注入裝有意式濃縮咖啡的咖啡杯中，使二者充分混合，在中心點收尾。

❹ 用吧勺在咖啡表面以點狀式舀入奶泡，靠近杯壁一圈，內裡一圈，每個奶泡之間需有一段相隔距離。

❺ 用雕花棒以順時針方向將所有奶泡串聯繪製。

❻ 繪製成一串串的心形即可。

Video

觀看拉花示範
（普通話影片）

兔子

材料

- 意式濃縮咖啡 1 份
- 奶泡　適量

工具

- 咖啡杯
- 拉花鋼杯
- 雕花棒

操作時間

- 30 秒

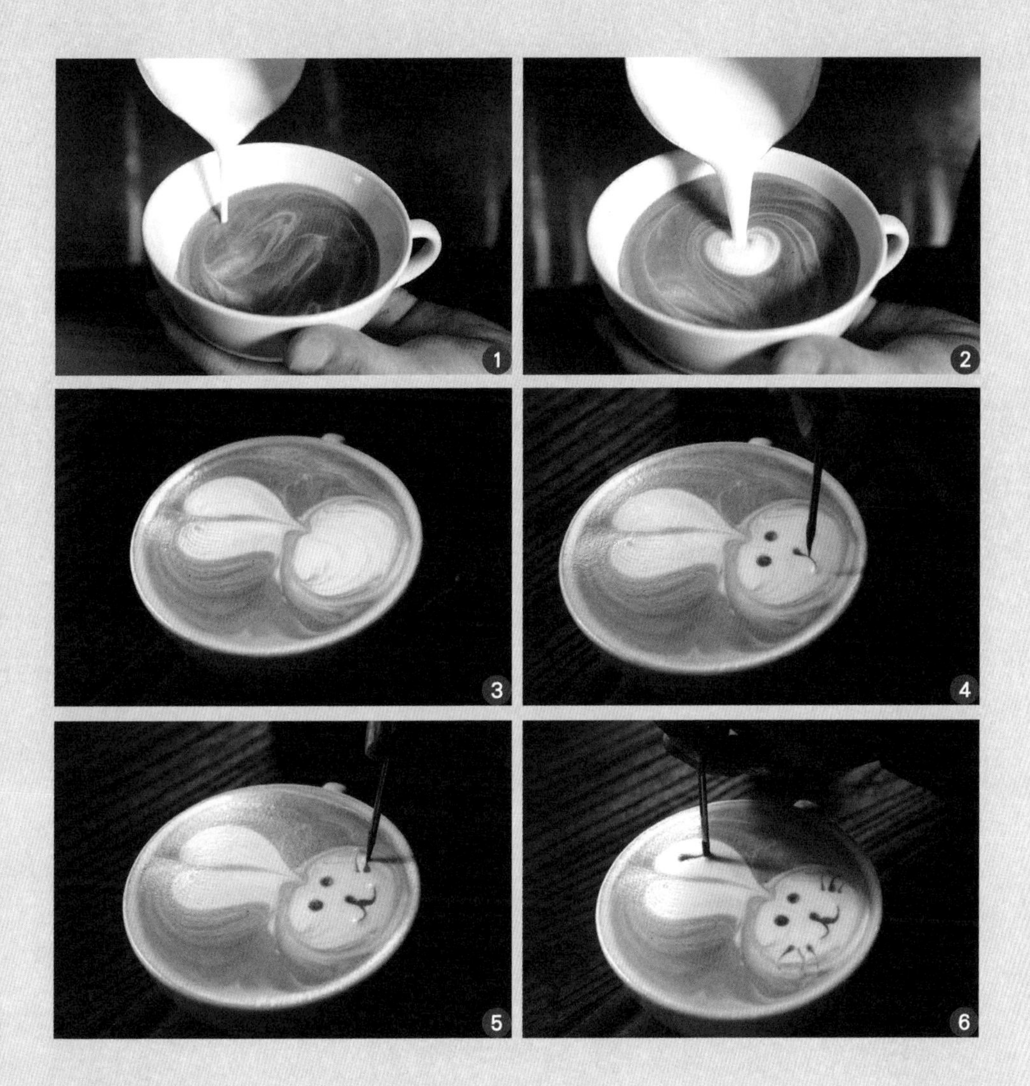

製作

❶ 左手持咖啡杯，右手持拉花鋼杯，徐徐將打好的奶泡轉圈注入裝有意式濃縮咖啡的咖啡杯中，使二者充分融合。

❷ 在中心點位置左右輕輕擺動手腕，使奶泡在咖啡中形成圓形。

❸ 將奶泡從下方推着注入，並與前方的圓形連接，形成兔子的耳朵，再用雕花棒蘸咖啡液將耳朵的中線繪製清晰。

❹ 蘸取咖啡液，繪製出兔子的眼睛、鼻子。

❺ 再繪製出兩側的鬍鬚。

❻ 最後在耳朵上進行裝飾即可。

PART 8

小「食」光

人氣咖啡拉花餐點

牛油曲奇

材料

- 牛油　100 克
- 白糖　60 克
- 雞蛋　1 隻
- 低筋麵粉　210 克

工具

- 打蛋器、攪拌盆
- 保鮮膜、擀麵板
- 擀麵杖、壓花器
- 焗爐、刮刀

操作時間

- 25 分鐘

Video

觀看示範
（普通話影片）

製作

❶ 牛油放入攪拌盆中軟化後加入白糖，用打蛋器攪打至蓬發。

❷ 雞蛋打碎並攪打成全蛋液，然後倒入攪拌盆攪打均勻。

❸ 放入低筋麵粉，用刮刀拌勻。

❹ 和成麵團後，用保鮮膜包好，放入冰箱冷藏 2 小時。

❺ 取出，放於擀麵板上，用擀麵杖擀成厚約 5 毫米的薄片。

❻ 用壓花器壓成多種圖案。

❼ 將壓好的圖案放到烤盤內，放入預熱好的焗爐，以上火 180℃，下火 100℃烘烤 15 分鐘即可。

水果蜂蜜格仔餅

材料

- 低筋麵粉　150 克
- 焦糖漿　50 克
- 牛奶　200 克
- 雞蛋　3 隻
- 花生碎　適量
- 紅莓乾　適量
- 棉花糖　適量
- 蜂蜜　適量
- 薄荷葉　適量
- 西瓜　適量
- 橙子　適量
- 葡萄　適量

工具

- 打蛋器
- 攪拌盆
- 格仔餅機

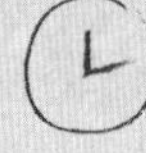

操作時間

- 25 分鐘

Video

觀看示範
（普通話影片）

製作

❶ 攪拌盆中打入 3 隻雞蛋，倒入牛奶和焦糖漿，用手動打蛋器攪勻。

❷ 放入低筋麵粉，繼續攪拌至混合均勻，黏度合適，提起時能拉絲。

❸ 將粉糊倒入格仔餅機中，加熱 5 分鐘，至香氣散發，烤至焦黃，取出。

❹ 將西瓜切成三角形小塊，擺入盤中，再放入切好的橙瓣和洗淨的葡萄，擺上薄荷葉，放入格仔餅。

❺ 在格仔餅上撒入花生碎、紅莓乾、棉花糖，淋上蜂蜜，擺上薄荷葉裝飾即可。

煙肉三明治

材料

- 烘烤過的吐司麵包 2 片
- 煙肉　2 片
- 芝士　2 片
- 番茄片　適量
- 酸黃瓜片　適量
- 黃瓜片　適量
- 生菜　適量
- 花生醬　適量

工具

- 烤盤
- 砧板
- 刀
- 牙籤
- 盤子

操作時間

- 30 分鐘

Video

觀看示範
（普通話影片）

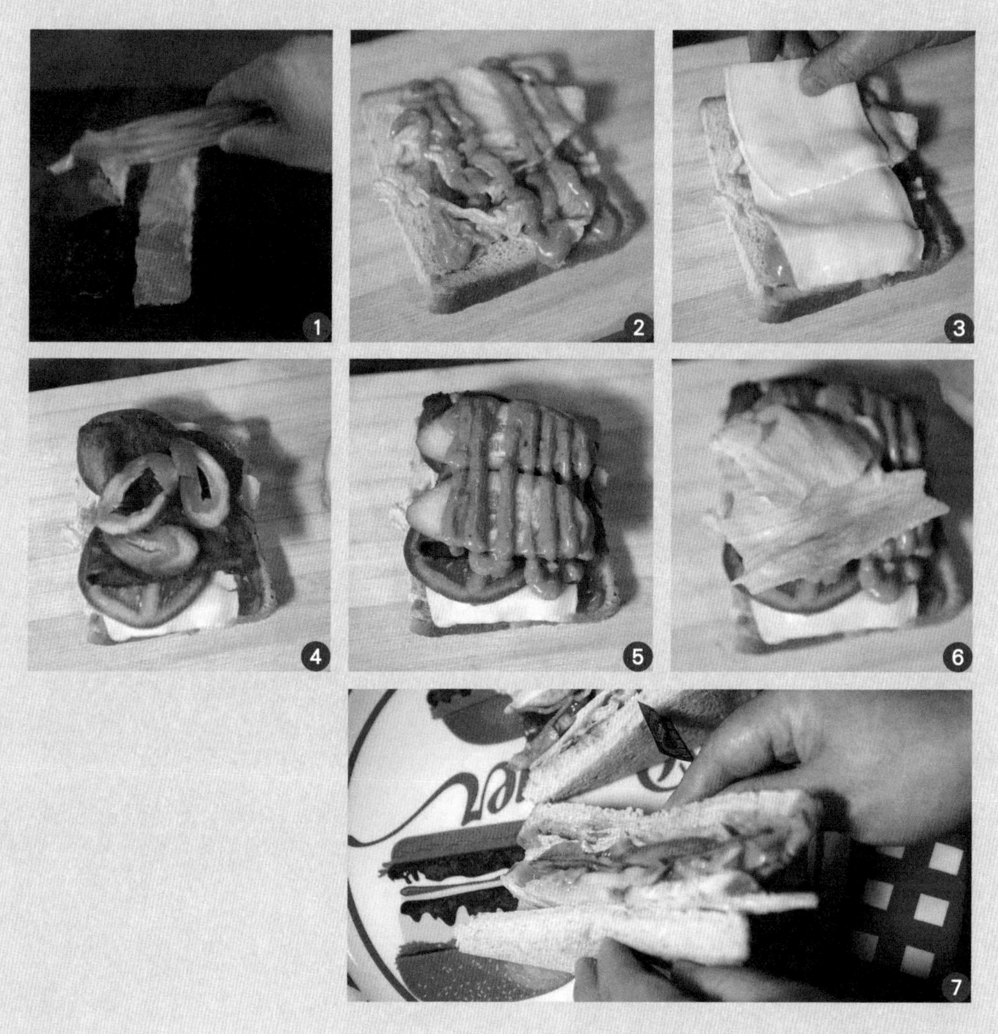

製作

❶ 取 2 片煙肉放在烤盤上，烤至熟透，兩面顏色均勻，取出。

❷ 將其中 1 片烘烤過的吐司麵包放在砧板上，放入洗淨的生菜，並淋上花生醬。

❸ 加入 2 片芝士。

❹ 再放上番茄片、煙肉、酸黃瓜片。

❺ 再放上黃瓜片，並淋上花生醬。

❻ 放上生菜，蓋上另 1 片烘烤後的吐司麵包。

❼ 在兩角位置插上牙籤，斜切後，放入盤內即可。

馬卡龍

材料
- 蛋白　300 克
- 糖粉　750 克
- 杏仁粉　450 克
- 色粉　適量
- 朱古力醬　適量

工具
- 刮刀、打蛋器
- 攪拌盆
- 裱花袋、裱花嘴
- 焗爐

操作時間
- 60 分鐘

Video
觀看示範
（普通話影片）

製作

❶ 蛋白放入攪拌盆中，用打蛋器攪打至硬性發泡，提起攪拌頭時，蛋白成尖狀。

❷ 在攪拌盆中加入杏仁粉、糖粉，用刮刀拌勻。

❸ 順時針攪拌，至提起刮刀時，粉糊可間斷性地滴落。

❹ 將粉糊分別裝入不同裱花袋（用小號的圓形裱花嘴），加入少量色粉，混合均勻，呈不同顏色。在鋪了油布的烤盤上擠出圓形麵糊。麵糊會自己慢慢地攤開成小圓餅狀。

❺ 將烤盤放在通風的地方晾乾片刻，以用手輕輕按麵糊表面，不黏手並且形成一層軟殼為佳。放入焗爐中層，以 160℃烘烤 18 分鐘，關火後放 3 分鐘再取出。

❻ 取一片，中間擠入朱古力醬，再黏上另一片，即完成馬卡龍的製作。以此依序完成其他馬卡龍的製作即可。

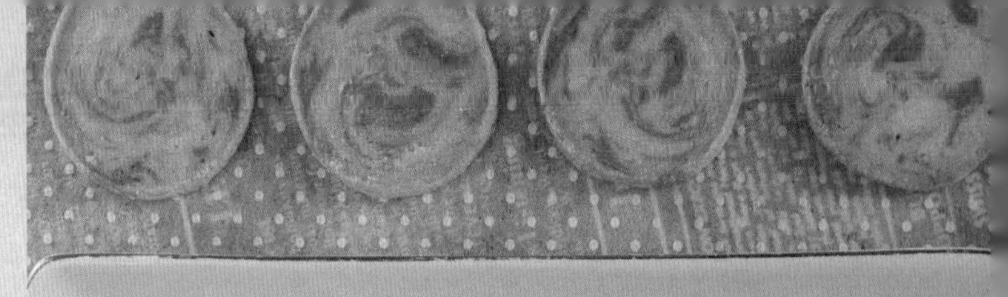

Video

觀看示範
（普通話影片）

綠紋大理石曲奇

工具

- 打蛋器
- 攪拌盆
- 保鮮膜
- 擀麵板
- 焗爐
- 刮刀
- 刀

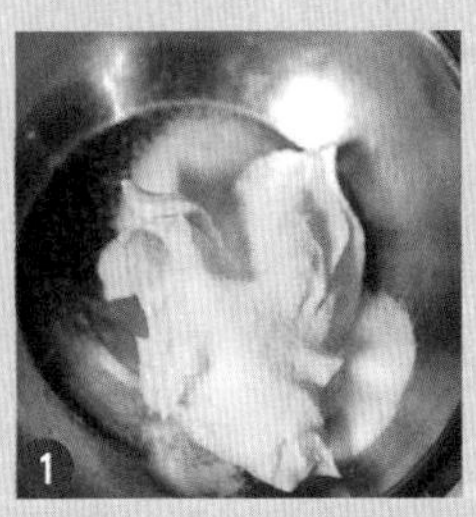

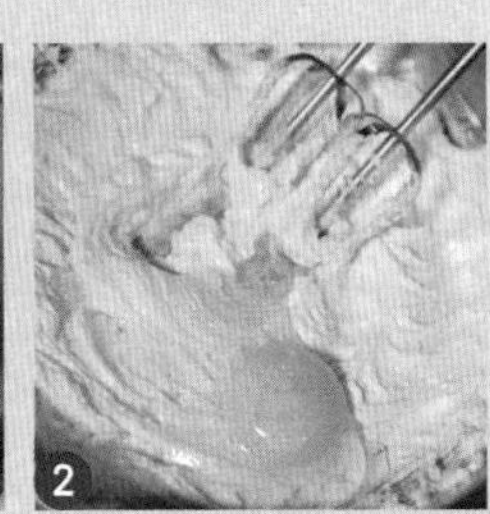

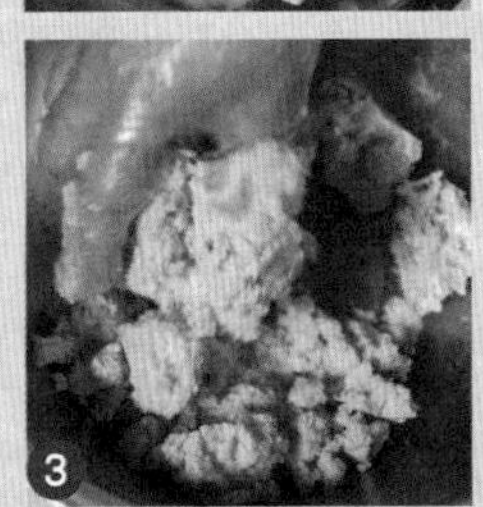

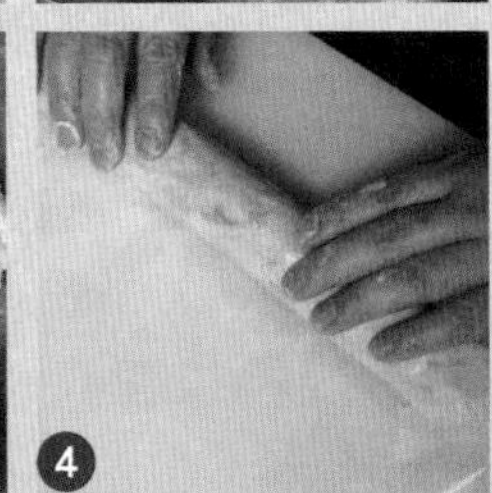

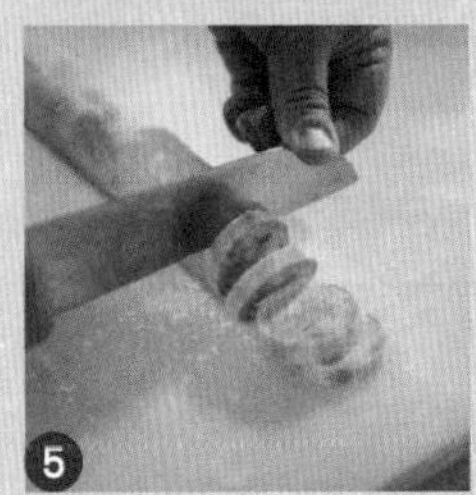

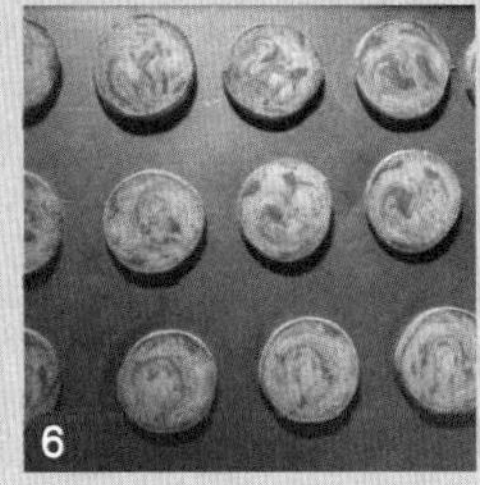

操作時間

- 30 分鐘

材料

- 牛油　100 克
- 白糖　60 克
- 雞蛋　1 隻
- 低筋麵粉　210 克
- 綠色食用色素　適量

製作

❶ 牛油放入攪拌盆中軟化後加入白糖，用打蛋器攪打至蓬發。

❷ 把雞蛋打成全蛋液，倒入攪拌盆中攪打均勻。

❸ 放入低筋麵粉，用刮刀拌勻後揉成團，滴入綠色食用色素，再揉成團。

❹ 取出，搓成圓柱形，用保鮮膜包好，放入冰箱冷凍 2 小時。

❺ 取出，切成 1 厘米的厚片。

❻ 擺入烤盤中，放入預熱好的焗爐，以 180℃烘烤 25 分鐘即可。

來杯冰卡布奇諾
(Cappuccino)

在咖啡表面的美妙繪製，會讓人心動，更讓人心動的是，讓整個咖啡「從頭美到腳」。冰卡布奇諾是其中的代表。以意式濃縮咖啡的濃郁口味為基底，加入冰塊後，配以潤滑的奶泡，混以由下而上的意大利咖啡的香氣。一種咖啡可以喝出多種不同的味道，不覺得很神奇嗎？加上其有着流動的色彩和美妙的分層，這樣的冰卡布奇諾會讓每個人都心動不已。

基礎冰品卡布

材料

- 冰塊　適量
- 意式濃縮咖啡　1 份
- 奶泡　適量
- 冷藏牛奶　適量

工具

- 玻璃杯、拉花鋼杯
- 冰鏟、咖啡量杯
- 吧勺

操作時間

- 1 分鐘

Video

觀看示範
（普通話影片）

製作

❶ 將冷藏後的牛奶倒入奶泡壺中，用蒸氣棒打發成綿密的奶泡，在桌上敲擊，震碎大奶泡，再用吧勺撇去表面較粗奶泡。

❷ 玻璃杯中加滿冰塊。

❸ 轉圈倒入打發好的奶泡，至杯子八分滿。

❹ 最後用咖啡量杯倒入意式濃縮咖啡至杯口處即可。

透心冰

材料

- 冰塊　適量
- 意式濃縮咖啡　1 份
- 糖水　適量

工具

- 玻璃杯、拉花鋼杯
- 咖啡量杯、吸管
- 冰鏟

操作時間

- 1 分鐘

Video

觀看示範
（普通話影片）

製作

❶ 在玻璃杯中倒入 1/5 的糖水。

❷ 用冰鏟在杯中裝冰塊至八分滿。

❸ 再次注入糖水至蓋過冰塊。

❹ 倒入意式濃縮咖啡至接近杯口。

❺ 插入吸管即可。

雪頂卡布

材料

- 冰塊　適量
- 意式濃縮咖啡　1 份
- 奶泡　適量
- 淡奶油　適量

工具

- 玻璃杯、拉花鋼杯
- 冰鏟、咖啡量杯
- 吧勺

操作時間

- 2 分鐘

Video

觀看示範
（普通話影片）

製作

❶ 在玻璃杯中放入冰塊至八分滿。

❷ 用吧勺舀入淡奶油至杯子五分滿。

❸ 徐徐倒入意式濃縮咖啡，至杯子九分滿。

❹ 用吧勺舀入奶泡至滿杯即可。

焦糖卡布

材料

- 冰塊　適量
- 意式濃縮咖啡　1 份
- 奶泡　適量
- 焦糖　適量
- 糖水　適量

工具

- 玻璃杯、拉花鋼杯
- 冰鏟、咖啡量杯
- 吧勺

操作時間

- 2 分鐘

Video

觀看拉花示範
（普通話影片）

製作

❶ 將糖水注入至玻璃杯底部 1/5 處。

❷ 將焦糖在杯壁上擠滿一圈。

❸ 杯中加滿冰塊。

❹ 用吧勺舀入打發的奶泡，至杯子九分滿。

❺ 在奶泡表面先澆入意式濃縮咖啡，再繼續舀入奶泡，至滿杯。

❻ 以「之」字形在表面淋入焦糖裝飾即可。

紅色魅力

材料

- 冰塊　適量
- 意式濃縮咖啡　1 份
- 奶泡　適量
- 紅色食用色素　適量
- 糖水　適量

工具

- 玻璃杯、拉花鋼杯
- 冰鏟、咖啡量杯、吧勺

操作時間

- 3 分鐘

Video

觀看拉花示範
（普通話影片）

製作

❶ 在玻璃杯中用吧勺加入少量紅色食用色素。

❷ 注入糖水，至杯子的 1/5 處，使色素在糖水中充分溶解，形成漂亮的紅色。

❸ 杯中放入冰塊，至杯子九分滿。

❹ 用拉花鋼杯徐徐倒入打發好的奶泡至八分滿，蓋住冰塊。

❺ 最後倒入意式濃縮咖啡，至杯滿即可。

藍色憂鬱

材料

- 冰塊　適量
- 意式濃縮咖啡　1 份
- 奶泡　適量
- 焦糖漿　適量
- 朱古力醬　適量
- 藍色食用色素　適量
- 糖水　適量

工具

- 玻璃杯、拉花鋼杯
- 咖啡量杯、吧勺、冰鏟

操作時間

- 3 分鐘

Video

觀看拉花示範
（普通話影片）

製作

❶ 在玻璃杯底部滴入藍色食用色素，然後注入糖水至杯子 1/4 處，使二者充分混合。

❷ 用冰鏟在杯中放滿冰塊。

❸ 在杯中徐徐倒入奶泡，至半滿。

❹ 用吧勺舀入綿密奶泡，覆蓋冰塊至八分滿。

❺ 接着貼着杯壁，緩緩倒入意式濃縮咖啡至奶泡接近杯口，使卡布形成四層。

❻ 再次取適量奶泡，舀入杯面，最後淋上適量焦糖和朱古力醬裝飾即可。

聖修羅之花

材料

- 冰塊　適量
- 意式濃縮咖啡 1 份
- 奶泡　適量
- 焦糖漿　適量
- 朱古力醬　適量
- 藍色食用色素 適量
- 糖水　適量

工具

- 玻璃杯、拉花鋼杯
- 冰鏟、咖啡量杯、吧勺

操作時間

- 2 分鐘

Video

觀看拉花示範
（普通話影片）

製作

❶ 在玻璃杯底部滴入藍色食用色素，然後注入糖水至杯子 1/4 處，使二者充分混合。

❷ 將朱古力醬沿着杯壁轉圈淋入，使其慢慢流至底部。

❸ 加入冰塊至杯子八分滿，再徐徐倒入奶泡，至半滿。

❹ 然後用咖啡量杯轉圈注入意式濃縮咖啡至九分滿。

❺ 用吧勺舀入奶泡，至蓋住冰塊表面。

❻ 用朱古力醬在奶泡表面如圖示進行繪製，再用雕花棒以順時針方向旋轉繪製即可。

天山雪

材料

- 冰塊　適量
- 意式濃縮咖啡　1 份
- 奶泡　適量
- 牛奶　適量

工具

- 玻璃杯、拉花鋼杯
- 冰鏟、咖啡量杯、吧勺

操作時間

- 2 分鐘

Video

觀看示範
（普通話影片）

製作

❶ 在玻璃杯中放滿冰塊。

❷ 倒入牛奶至半滿。

❸ 待冰塊稍微融化後，用吧勺舀入綿密的奶泡，至覆蓋冰塊。

❹ 用咖啡量杯徐徐倒入意式濃縮咖啡至奶泡接近杯口。

❺ 再用吧勺舀入適量奶泡即可。

濃情蜜意

材料

- 冰塊　適量
- 意式濃縮咖啡　1 份
- 奶泡　適量
- 牛奶　適量
- 焦糖漿　適量

工具

- 玻璃杯、拉花鋼杯
- 咖啡量杯、吧勺、冰鏟

操作時間

- 3 分鐘

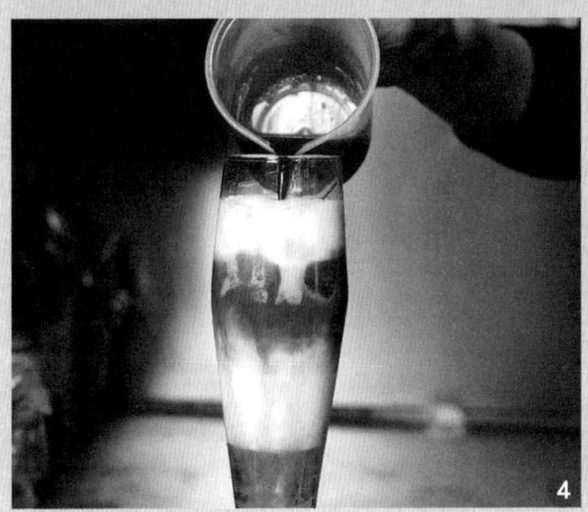

製作

❶ 在玻璃杯中注入糖水至杯子 1/5 處，再沿着杯壁淋入一圈焦糖漿。

❷ 放入冰塊至杯子 2/3 處。

❸ 倒入牛奶至半滿，舀入奶泡至八分滿。

❹ 接着沿着杯壁注入意式濃縮咖啡至接近杯口，用吧勺舀入奶泡，至滿杯。

❺ 以「之」字形如圖示交錯淋入焦糖漿即可。

Video
觀看拉花示範
（普通話影片）

思緒

材料

- 冰塊　適量
- 意式濃縮咖啡　1 份
- 奶泡　適量
- 朱古力醬　適量

工具

- 玻璃杯
- 拉花鋼杯
- 冰鏟、吧勺
- 咖啡量杯

操作時間

- 15 秒

Video

觀看拉花示範
（普通話影片）

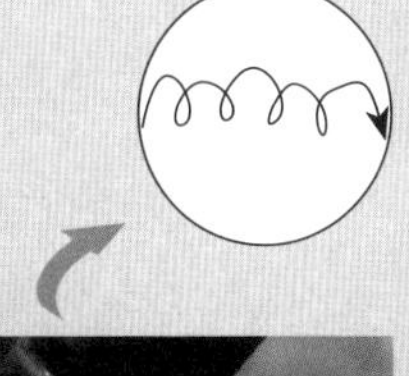

製作

❶ 將朱古力醬在玻璃杯口緊貼着杯壁擠入，以上圖所示方向進行操作。

❷ 取冰塊放入玻璃杯至 4/5 處。

❸ 用拉花鋼杯將奶泡徐徐倒入，至八分滿。

❹ 接着用咖啡量杯注入咖啡至九分滿。

❺ 逐勺舀入綿密奶泡，並使表面平整。

❻ 以「之」字形在表面淋上朱古力醬即可。

咖啡拉花美學

編著
王琪嶽　孫麗君　雙福

責任編輯
李穎宜

美術設計
Nora Chung

排版
辛紅梅

出版者
萬里機構出版有限公司
香港鰂魚涌英皇道1065號東達中心1305室
電話：2564 7511
傳真：2565 5539
電郵：info@wanlibk.com
網址：http://www.wanlibk.com
http://www.facebook.com/wanlibk

發行者
香港聯合書刊物流有限公司
香港新界大埔汀麗路36號
中華商務印刷大廈3字樓
電話：2150 2100
傳真：2407 3062
電郵：info@suplogistics.com.hk

承印者
中華商務彩色印刷有限公司
香港新界大埔汀麗路36號

出版日期
二零一九年六月第一次印刷

ISBN 978-962-14-7052-2

本中文繁體字版本經原出版者江蘇鳳凰科學技術出版社授權出版
並在香港、澳門地區發行。